알고 나면 놀라운

생활 속 과학

알고 나면 놀라운
생활 속 과학

초판 1쇄 인쇄일 2021년 4월 15일
초판 1쇄 발행일 2021년 4월 26일

기획 지브레인 과학기획팀 지은이 이보경
펴낸이 김지영 펴낸곳 지브레인Gbrain
편집 김현주
마케팅 조명구 제작 · 관리 김동영

출판등록 2001년 7월 3일 제2005-000022호
주소 04021 서울시 마포구 월드컵로7길 88 2층
전화 (02)2648-7224 팩스 (02)2654-7696

ISBN 978-89-5979-662-5 (03400)

• 책값은 뒤표지에 있습니다.
• 잘못된 책은 교환해 드립니다.

SCIENCE

SCIENCE

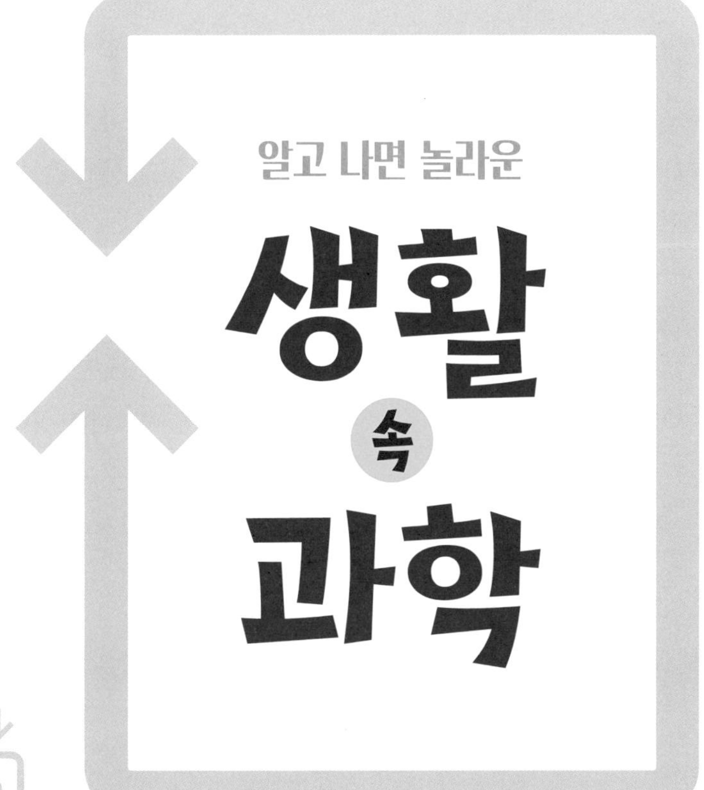

알고 나면 놀라운

생활 속 과학

지브레인 과학기획팀 기획　**이보경** 지음

작가의 말

4차 산업 혁명 시대를 살아가고 있는 현대인에게 과학은 생활이다.

당장 지금 손에서 놓지 않는 스마트폰부터 자동차의 전자 시스템과 네비게이션, 주방의 조리도구, 실시간 날씨예보에 이르기까지 우리 주변을 둘러보면 어느 하나 과학기술의 힘으로 탄생되지 않는 물건이 없다.

그럼에도 여전히 과학은 우리와는 상관없는 먼 세상 이야기만 같다. 사실 대부분 과학기술은 우리의 사소한 호기심과 생활의 불편함을 극복하기 위한 노력에서 시작되었는데도 말이다.

영국의 물리학자인 마이클 페러데이Michael Faraday의 전자기유도 법칙은 관련 전공자나 시험을 앞둔 학생이 아니라면 일반인에게는 언제나 낯선 용어일 뿐이다.

그러나 우리가 매일 사용하는 인덕션은 페러데이의 전자기유도 법칙을 기반으로 만들어진 제품이다. 이밖에도 발전기와 변압기, 전동모터 등 20세기 전기의 시대를 열 수 있는 초석이 된 것이 바로 전자기유도법칙이었다.

《알고 나면 놀라운 생활 속 과학》에서는 인덕션의 사용법을 통해 전자기유도 법칙의 원리에 대해 설명하고 있다. 어렵고 딱딱한 원론을 설명하는 방식보다 우리 생활과 밀접한 인덕션의 원리를 이해하다 보면 전자기 유도 법칙에 대해서 자연스럽게 이해할 수 있기 때문이다.

아인슈타인은 어떨까? 아인슈타인의 상대성원리는 평범한 사람들에게는 이해하기조차 힘든 난해한 이론이며 우리의 삶과는 전혀 연관없어 보이는 고차원의 물리학 개념이다.

하지만 그의 상대성원리를 기반으로 등장한 가설이 타임머신이다. 타임머신의 개념은 우리의 상상력을 자극시키는 수많은 영화와 소설, 드라마의 소재가 되었다. 아인슈타인이 없었다면 영화 속 시간 여행자의 흥미진진한 이야기는 탄생할 수 없었을 것이다. 또한 너무 사소해 보이는 음주측정기, 자동문, 광센서, 과속측정기에도 아인슈타인의 광전효과 원리가 담겨져 있다.

이렇듯 세상을 바꿔 놓은 과학자들의 위대한 업적들은 우리도 모르는 사이 우리 생활 속에 스며들어 있었다.

《알고 나면 놀라운 생활 속 과학》은 우리 주변에서 흔히 볼 수 있는 아주 작고 소소한 과학의 원리에 대한 이야기다. 여기에는 어렵고 복잡한 과학 용어나 공식은 등장하지 않는다. 너무 깊이 생각해야 할 만큼 전문적인 과학을 다루는 것도 아니다.

아주 단순해 보이는 작은 과학 원리 하나가 우리 삶을 얼마나 풍요롭게 하며 편리하게 할 수 있는지를 소개하고 있다.

그러니 여러분은 편안한 마음으로 다가와 우리 생활과 밀접하게 연결되어 있는 과학의 원리를 즐기면 된다. 이 여행에 준비물은 주변에 대한 호기심과 탐구하는 열정이다.

생활 속에서 느끼는 아주 사소한 궁금증이 있다면 이 책을 펼쳐보자. 이 책을 통해 좀 더 과학과 친숙해지고 재미를 느끼는 시간이 되길 바란다.

이보경

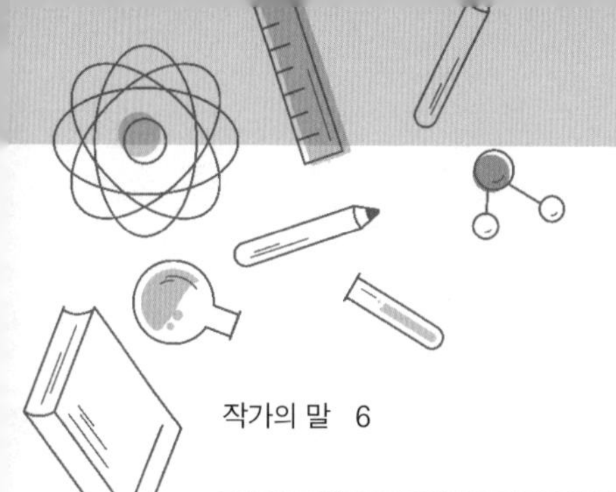

CONTENTS

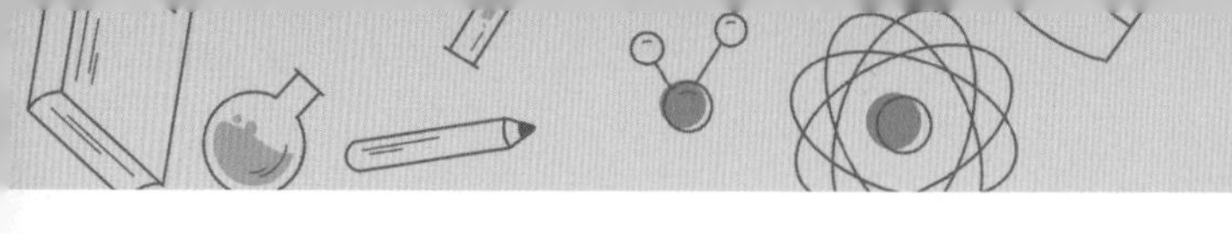

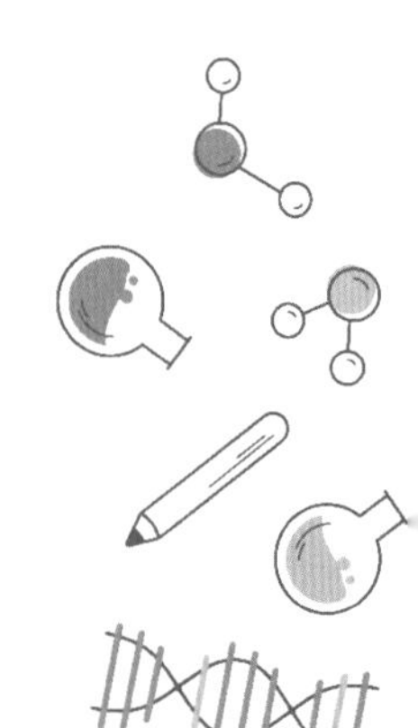

1

3분 컵라면 속에 담긴 과학의 원리로 잘난 척을 해보자

대한민국 사람에게 영혼의 음식을 꼽으라면 절대 빠질 수 없는 게 하나 있다. 그것은 라면이다. 간혹 라면이 몸에 안 좋다는 이유로 멀리하는 사람도 있지만, 라면의 유혹은 잠시 건강에 대한 걱정일랑 던져버릴 만큼 치명적이다.

한국인에게 라면과 김치는 소울푸드 음식 중 하나일 것이다.

요즘은 라면의 면발, 국물, 조리 방법 등을 달리한 다양한 라면이 출시되어 사람들의 입맛을 더욱 사로잡고 있다.

라면이 우리에게 엄청난 인기를 끌 수 있었던 이유 중 빼놓을 수 없는 것이 간편하고 빠른 조리 방법이다.

간단히 끓는 물에 면과 스프만을 넣으면 뚝딱 만들어지는 봉지라면뿐만 아니라 뜨거운 물만 부으면 완성되는 컵라면은 마법처럼 느껴질 정도다.

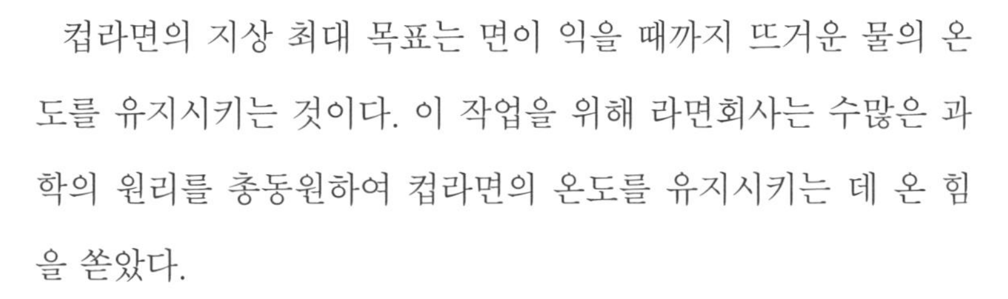

그러나 컵라면은 마법이 아닌 과학의 힘으로 완성된 제품이다. 컵라면은 어떻게 3분만에 면을 익힐 수 있는 것일까?

이 작은 컵 하나 속에 담긴 3분 과학의 원리! 이제부터 그 궁금증을 풀어보자.

컵라면의 지상 최대 목표는 면이 익을 때까지 뜨거운 물의 온도를 유지시키는 것이다. 이 작업을 위해 라면회사는 수많은 과학의 원리를 총동원하여 컵라면의 온도를 유지시키는 데 온 힘을 쏟았다.

그 첫 번째 노력은 라면 용기에 담겨 있다. 컵라면 용기는 이중 구조로 되어 있다. 뜨거운 물을 라면 용기에 붓는 순간, 라면 용기는 원래의 온도를 유지하기 위해 급속하게 열을 흡수한다.

이렇게 외부의 자극에 의해 온도, 농도, 압력이 변화할 때 변화를 최소화하는 방향으로 계의 평형이 이동하거나 에너지가 흐르는 것을 '르 샤틀리에 원리'하고 한다.

뜨거워지면 열을 흡수하여 온도를 내리는 방향으로 평형을 찾고 차가워지면 열을 방출하여 온도를 높이는 방향으로 평형을 찾아가는 현상이다.

이때 컵라면의 용기가 단층 구조였다면, 용기가 흡수한 열은 면이 익기도 전에 고체인 라면 용기를 통해 바깥으로 배출되어 물의 온도가 내려갈 수 있다.

그래서 용기를 이중, 삼중으로 만들어 중간에 공기층을 형성하도록 설계했다. 물보다 열의 전도가 느린 공기층에 의해 열이 보존될 수 있게 말이다. 이것은 겨울철에 두꺼운 옷 하나만 입는 것보다 얇은 옷을 겹겹이 입는 것이 더 따뜻한 원리와 같다.

두 번째는 면의 굵기와 밀도다. 컵라면의 면은 봉지라면에 비해 얇으며 미세한 구멍이 나 있다. 또한 면을 자세히 관찰해보면 위쪽은 오밀조밀 촘촘하게 모여 있고 아래쪽으로 갈수록 면과 면 사이의 공간이 넓어진다. 이것은 뜨거운 물이 면 아래쪽의 공간을 통해 위쪽까지 급속도로 올라갈 수 있게 만든 것이다.

면을 이런 방식으로 제조한 이유는

면발 전체로 뜨거운 물이 빠르게 흡수되어 면을 골고루 금방 익게 하는 효과가 있기 때문이다.

세 번째는 디자인이다. 컵라면 용기는 위쪽은 넓고 아래쪽은 좁은 구조가 대부분이다. 이런 디자인은 용기 아래쪽에 빈 공간이 생기며 면을 용기 가운데 떠 있게 만드는 역할을 한다.

이것은 뜨거운 물이 위쪽으로 올라가는 물의 대류 현상을 이용한 것으로 뜨거운 물이 모이는 컵 상단 부분에 면이 잘 뜰 수 있게 디자인한 것이다. 이렇게 되면 면이 조금이라도 더 빨리 익을 수 있기 때문이다.

네 번째는 면의 성분이다. 일반적으로 봉지라면의 면은 밀가루 함량이 높다.

하지만 컵라면의 면은 감자나 옥수수가 들어간 전분 함량이 높은 편이다. 이유는 전분이 밀가루에 비해 열에 빨리 익기 때문이다.

컵라면 면.

봉지라면 면.

단 3분 만에 배고픈 사람의 허기를 달래 주는 컵라면! 3분 안에 라면 하나가 뚝딱 완성될 수 있도록 만드는 과학은 우주선을 달로 보낸 과학만큼이나 놀랍고 위대하게 느껴진다.

2 물티슈의 배신

우리 주변에는 생각지도 못한 반전의 물건들이 있다. 어떻게 만들어지는가를 알게 되면 경악을 금치 못할 제품들이다.

현대는 구석기, 신석기, 청동기, 철기에 이은 플라스틱 시대라고 해도 과언이 아닐 정도 플라스틱 제국이 되었다. 수천 년을 통해 인류가 쌓아온 역사적 유물 중 플라스틱은 가장 지구를 오염시키는 최악의 소재로 인식되고 있다. 심지어 플라스틱인지 알 수 없는 제품들도 많다. 그 대표적인 제품 중 하나가 물티슈다.

일회용 물티슈의 재료는 부직포다. 레이온, 폴리에스테르[PES],

PET, 폴리프로필렌PP 등의 합성섬유를 화학 접착제로 붙여 만든다. 이 중 폴리에스테르PES, PET, 폴리프로필렌PP은 석유에서 뽑아낸 대표적인 인공 합성소재플라스틱이다. 따라서 물티슈를 사용한 후 아무 데다 버리거나 화장실에 흘려보내게 되면 강물, 바닷물, 땅을 오염시키는 오랜 시간 썩지 않는 오염원이 된다. 물티슈가 바다로 흘러나가 광풍화 작용으로 잘게 쪼개져 미세플라스틱이 되면 더욱 위험해진다.

미세플라스틱이 위험한 이유는 미세플라스틱 제조과정상에 포함된 화학물질뿐만 아니라 해양과 대기 중에 퍼져 있던 유해화학물질을 흡착한다는 것이다.

화학물질을 흡착한 미세플라스틱은 플랑크톤을 비롯해 해양생물의 먹이가 되어 체내에 흡수되며 배출이 잘 되지 않는다. 그리고 결국 수산물 등 다양한 경로를 통해 사람에게 되돌아와 우리가 알지

플라스틱은 우리의 삶을 편리하게 해줬지만 한편으로는 인간과 지구를 위협하고 있다.

못하는 사이 우리 체내에 축척되어 각종 병을 유발한다.

이뿐만이 아니다. 미세플라스틱은 해양 곳곳을 돌아다니며 외딴섬, 심해, 해안, 대양, 극지방 등을 오염시킨다. 실제 미세플라스틱에 오염된 고래, 조류, 바다거북, 바닷가재, 어패류 등의 해양 생물에 대한 보고가 잇따르고 있다. 이것은 우리가 미처 인식하지 못하고 있는 물티슈, 치약, 화장품과 같은 생활용품뿐만 아니라, 꿀, 소금, 맥주 등의 식품에서까지 발견되고 있다.

인간의 생활을 편리하게 하고자 만들어진 플라스틱은 값싸고 성형이 쉬워 현대문명을 편리하게 만드는데 지대한 공을 세우고 있지만 한편으로는 환경오염의 주범이 되고 있는 것이다. 환경오염의 결과가 이상기후나 전염병 등을 유발시키고 이는 급속도로 지구를 오염시키고 있다. 따라서 우리

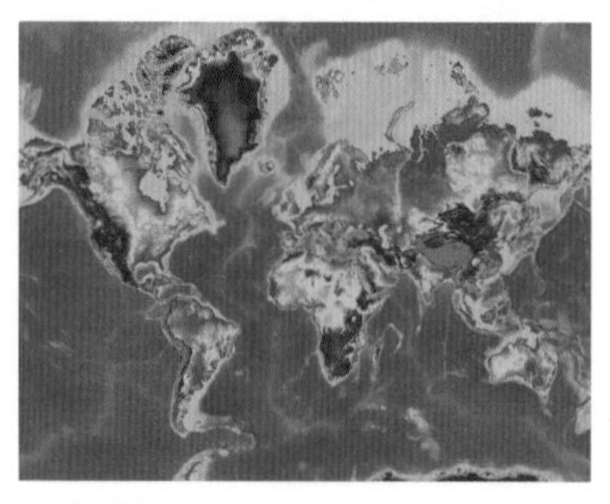

이상 기후가 진행 중인 지구.

가 더 건강한 환경에서 살기 위해 지구의 오염원을 억제시켜야 한다면 더 이상 미세플라스틱을 사용하지 않는 것이 현명한 방법이다.

현재 물티슈를 비롯한 제지업계, 생활용품 회사들이 이러한 환경오염의 심각함을 인식하고 친환경 제품들을 출시하고 있다. 물티슈 중에는 종이 100%의 제품이 존재하며 이 제품들은 6개월 내에 분해된다.

소비자들은 지구를 지키는 것뿐만 아니라 우리 자신의 건강을 지키기 위해서라도 좀 더 꼼꼼하게 제품에 포함된 성분을 확인하고 환경오염에 대한 인식을 높여야 할 것이다. 지구 환경을 지키지 못하면 결국 그 피해는 우리 모두의 몫이 될 것이기 때문이다.

화성에 새로운 주거지를 만드는 것보다는 지구의 환경을 개선하는 것이 더 현명할지도 모른다.

환경오염으로부터 지구를 지키는 것이 곧 우리를 지키는 것이다.

3 상처에 술을 부으면 소독이 된다?

쏟아지는 총탄 세례 속에서도 찰과상 정도의 상처만을 입은 주인공은 인간의 능력이라고 도저히 믿기 어려운 신출귀몰한 신공을 펼치며 악당의 손아귀에서 탈출한다.

영화 속 주인공은 악당과 싸우다가 다쳐도 무적의 능력을 보여주며 승리한다.

그리고 주인공은 자신이 마시다 만 술을 상처에 들이 부어 가벼운 처치를 했을 뿐인데도 영화가 끝날 무렵까지도 멀쩡하다.

우여곡절 끝에 주인공의 승

리로 끝난 영화의 감상을 말하다가 갑자기 호기심 하나가 불쑥 올라왔다.

술을 상처에 부으면 진짜 소독이 될까?

영화 속 주인공이 알려준 이 생활의 지혜를 실행해 보고 싶을지도 모르는 당신에게 결론을 먼저 말하자면 일반적인 술은 소독의 효과가 거의 없다.

알코올은 산소와 수소로 구성된 하이드록시기(−OH)가 포함되어 있는 물질의 총칭이다. 알코올의 종류는 다양하다. 우리가 일상생활 속에서 흔하게 사용하는 알코올은 에탄올이다.

에탄올은 소독용으로 사용하며 술을 만들 때도 이용된다. 즉 유일하게 먹을 수 있는 알코올이 에탄올이다. 하지만 소독용 에탄올은 함부로 마셔서는 안 된다.

세계보건기구(WHO)가 권장하는 에탄올 비율은 75~85%이다. 미국 식품의약국은 60~95%, 한국 식품의약품안전처는 54.7~70%의 비율을 권장한다. 따라서 약국에서 판매하는 소독용 에탄올의 비율은 에탄올과 정제수가 WHO

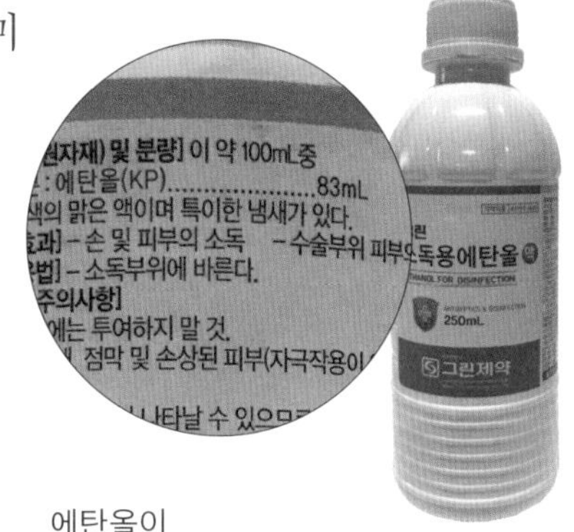

에탄올이
100ml 중 83ml 들어 있다. 즉 83%의 비율이다.

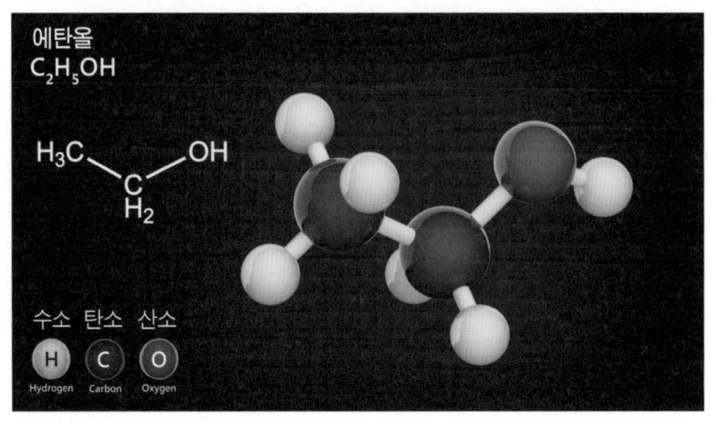

에탄올 화학식과 분자 구조.

권장비율 안에서 혼합되어 있다. 이 소독용 에탄올을 바로 사용해도 되지만, 미용적 기능을 위해 정제수와 소량의 향료, 글리세린 등을 첨가하여 개인용 소독제를 만들기도 한다.

그런데 왜 에탄올 100%가 아닌, 약 80 : 20의 비율일까? 이는 에탄올의 소독 효과를 가장 뛰어나게 만드는 비율이기 때문이다.

에탄올의 살균 원리는 삼투압 현상을 토대로 한다. 삼투압 능력이 뛰어난 에탄올은 세균의 세포막을 뚫고 침투하는 능력이 탁월하다. 세균의 세포 안으로 침투한 에탄올은

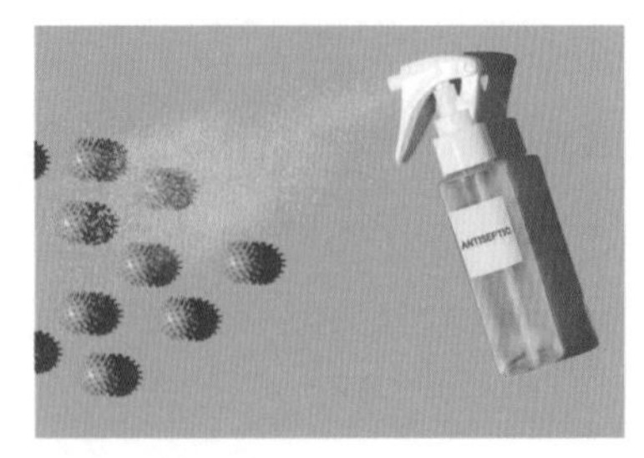

우리가 사용하는 손 소독제의 주성분이 에탄올이다.

세균의 단백질을 응고시켜 죽인다. 그런데 100%의 에탄올은 응고력이 너무 뛰어나 세균의 세포 안으로 에탄올이 침투하기도 전에 세포막을 응고시켜버린다. 결국 응고된 세포막 때문에 에탄올의 삼투압 능력이 약해지면서 에탄올이 세포 안으로 침투할 수 없게 되어 오히려 살균력을 더 떨어뜨리는 결과를 만든다.

그렇다면 왜 술은 소독 효과가 없는 것일까? 이것 또한 에탄올의 비율 때문이다. 술이 소독 효과를 내기 위해서는 최소 에탄올 50% 이상의 함량을 가지고 있어야 한다. 하지만 시중에 시판되는 맥주나 소주는 알코올 함유량이 약 3%~20% 정도이며, 고량주, 럼, 데킬라와 같은 독주도 알코올의 함유량이 50%를 넘기 힘들다(주류의 에탄올은 알코올로 표기 가능하다).

물론 데킬라나 해적의 술이라 불리는 럼 중에는 70%에 가까운 알코올 함유량을 가진 종류가 있지만, 일반적인 것은 아니다.

알코올 함유량만 부족한 것이 아니다. 술은 다양한 당류와 감미료 등이 포함되어 있어서 상처에 세균 증식을 유발할 수 있기 때문에 소독용으로는 비효율적이다. 영화는 영화일 뿐이다.

술로 소독하는 것은 바람직하지 않다.

4

화재 시 엘리베이터를 타면 안 되는 이유는?

안전사고의 위험은 어디든 도사리고 있다. 그중에서도 화재는 초기에 진압하지 않으면 엄청난 인명피해를 입을 수 있기 때문에 안전에 더 유의해야 한다.

고층 건물에서 불이 났다면 어떻게 대피해야 할까?

고층 아파트나 건물에 화재가 발생했을 때는 되도록 빨리 건물을 빠져 나와야 한다. 이런 다급함 때문에 엘리베이터를 타고 탈출을 시도하는 경우가 많은데, 이것은 아주 위험한 행동이다.

첫 번째 당황한 사람들이 한꺼번에 엘리베이터로 몰려들면 사고 발생 위험이 높아질 수 있다.

두 번째, 화재에 의해 전기가 끊어져 엘리베이터가 멈춘다면 유독가스가 엘리베이터 안으로 유입돼 꼼짝없이 갇힌 상태에서 더 큰 화를 당할 수 있다.

세 번째, 엘리베이터의 통로는 수직으로 나 있어 건물의 전 층을 운행하며 각 층 내부로 산소를 제공하는 역할을 한다. 엘리베이터가 화로 안에 산소를 공급해주는 피스톤과 같은 역할을 하는 것이다.

따라서 건물 화재 시에는 엘리베이터 대신 비상계단을 이용하는 것이 훨씬 안전하다. 비상계단으로 통하는 문은 방화문이므

화재 시에는 빠른 대피를 할 수 없다면 엘리베이터보다 계단 특히 비상계단이 안전하다.

로 이변이 없는 한 비상계단 바깥쪽에서 안으로 불길이 유입될 확률이 적어 신속하고 안전하게 대피할 수 있다.

이런 것을 꼭 기억하고 만일의 사고를 대비하기 위해 비상계단 앞에 물건을 쌓아놓거나 통로를 방해하는 환경을 만들어서는 안 된다.

비상계단은 만일의 위험에서 생명을 지키기 위한 길이다.

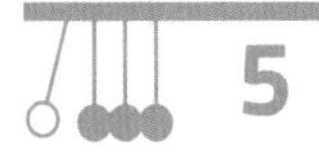 5

소시오패스와 사이코패스의 차이점은 무엇인가?

어느 날 한 남자가 다가와 말을 건넨다. 한쪽 팔은 깁스를 한 채, 팔이 불편해 짐을 옮길 수 없는 자신의 사정을 정중하게 설명하고는 차로 짐을 옮기는 일을 도와줄 수 있는지 조심스럽게 부탁해온다.

그는 훤칠한 키와 잘생긴 외모, 친절하고 상냥한 말투를 구사하며 굉장히 지적인 분위기를 풍기는 사람으로 왠지 모르게 사람을 끄는 매력이 있었다.

만약, 이런 부탁을 받았다면 우리는 어떤 행동을 하게 될까? 아마도 대부분 그의 친절함과 잘생긴 외모에 경계심을 풀고 동정심을 발동해 기꺼이 도움의 손길을 내밀 것이다.

하지만 우리가 베푼 작은 친절이 끔찍한 살인자의 희생양이 되어 돌아온다면 어떤 기분이 들겠는가? 이날 이 남자의 짐을 들어주었던 한 친절한 여성은 실종되었다.

마치 영화에서나 나올 법한 이 일은 1974년 미국 워싱턴주 엘렌스버그의 한 대학 교정에서 실제 벌어진 사건이었다. 이 사건의 중심에는 자신의 말끔한 외모와 친절함을 무기 삼아 수많은 여자를 유인해 강간, 살해, 유기한 연쇄살인범이 있었다.

그의 이름은 테드 번디Ted Bundy,1946~1989로 미국 역사상 최악의 사이코패스 연쇄살인범이다.

31세의 테드 번디.

미국인들에게 연쇄살인이라는 단어를 각인시킨 최초의 살인자로 이름나 있는 테드 번디! 그의 살인 행적은 차마 입에 담을 수 없을 정도로 끔찍하고 엽기적이었다.

테드 번디가 다른 성범죄자들과 특별히 구별되는 점은 전혀 범법자 같지 않은 잘생긴 외모와 고학력, 정치계에도 진출한 이력을 가진 나름 성공한 엘리트였다는 것이다.

실제 테드 번디는 법과 심리학을 공부했으며 재판과정에서 변호사 없이 자신 스스로를 변호할 만큼 법적 지식과 언변을 가지고 있었다.

그의 출중한 외모와 자신감 넘치면서도 상냥한 모습은 재판 내내 인기스타를 방불케 할 만큼 여성들의 인기를 누렸으며 심지어 동정표를 받기까지 했다.

테드 번디가 잔인한 성범죄자이면서 연쇄살인범이었음에도, 실시간으로 송출되는 재판 현장에서 연출된 테드 번디의 스마트하고 지적인 모습은 오히려 그를 더 돋보이게 하였다.

그러나 테드 번디의 살인행각은 절대 용서받을 수 없는 일이었다. 테드 번디는 자신의 살인행각을 모두 털어놓지 않은 채, 시간 끌기용으로 이용했으며 일부러 다중 인격등 심신미약을 핑계로 법망을 빠져나가려고 자신을 위장했다.

결국 자신의 죄를 모면하기 위해 이용한 갖은 술수와 교묘한 장난은 1989년 전기의자에서 끝을 맺었다.

이후 많은 심리학자와 영화감독들은 테드 번디의 사례를 연구하고 영화의 주제로 다루기도 했다. 테드 번디가 보여주는 반사회적인 행동은 전형적인 사이코패스Psychopath의 모습이었다.

필립 피넬.

사이코패스라는 용어를 최초로 사용한 사람은 프랑스의 정신과 의사인 필립 피넬Philippe Pinel, 1745~1826년이다.

멋진 외모로 사람들을 유혹해 살인하는 사이코패스는 영화나 드라마의 단골 소재이다.

피넬은 사이코패스를 정신분열증이 없고 이해력이 충분하며 정신이 혼미한 상태가 아님에도 사회의 통념을 벗어나는 행동을 하는 사람이라고 정의 내렸다.

이후 많은 학자들에 의해 사이코패스에 대한 정의가 내려졌지만 바라보는 관점에 따라 시각적 차이가 있었다.

최초로 사이코패스에 대한 다양한 시각을 통합적으로 모아 정리한 학자가 있었다. 그는 미국의 정신과 의사인 허비 클렉클리Hervey M. Cleckley, 1903~1984년로 1941년 《정상인의 가면Mask of Sanity》이라는 책을 통해 사이코패스 성향에 대해 16가지의 특징을 설명했다.

그 내용은 다음과 같다.

1 상당한 매력과 평균 또는 평균 이상의 지적 능력을 가진다.
2 망상, 환각 등 정신적 이상 증상이 없다.
3 불안이나 다른 신경증 증상이 없으며 상당히 침착하고 말을 잘한다.
4 책임감이 없다.
5 진실성이 없고 성실하지 않다.
6 수치심과 자책이 없다.
7 동기가 없고 충동적인 반사회적 행동을 한다.
8 판단력이 약하고 경험을 통해 학습하지 못한다.
9 병적인 이기심과 자기중심적인 성향이 강하다.
10 감정이 지속적이고 깊지 않다.
11 통찰력이 부족하고 자신을 바라볼 수 있는 능력이 없다.
12 배려심과 친절함이 없다.
13 무례하다.
14 진짜로 자살을 기도한 적이 없다.
15 성생활에 무능하며 문란하다.
16 인생에 대한 계획을 잘 세우지 못하며 실천력이 없다.

초기 전문가들은 사이코패스를 감정이 결여된 죄의식 없는 범죄자들에게만 적용했다면 클랙클리는 자신의 이익만을 위해 타인을 조종하고 이용하는데 양심의 가책을 조금도 느끼지 못하는 일반인들에게까지 그 영역을 넓혀 설명했다는 점에서 높이 평가받게 되었다.

사이코패스는 감옥에만 있는 것이 아니라 우리 주변에서, 우리의 이웃으로 함께 살아가고 있다는 것이다.

특히 한 치의 실수도 용납되지 않는 경쟁이 심화 되는 사회 분위기 속에서 감정에 치우치지 않고 철저하게 자신의 이익만을 위해 사람들을 이용하고 다루는데 능수능란한 사이코패스 성향의 사람이 오히려 성공 가도를 달릴 수 있는 확률이 더 높다고 한다.

실제 성공한 CEO 중에서 사이코패스 성향을 가진 사람의 비율이 높다는 것은 어느 정도 알려진 사실이다. 그 대표적인 인물이 애플의 창업자인 스티브 잡스다.

클랙클리는 사이코패스가 사회적으로 성공할 수 있는 확률이 높은 이유로 자신의 정신적 문제를 교묘하게 감출 수 있는 능력이 있기 때문이라고 말한다.

또한 그의 저서인《정상인의 가면》에서 클랙클리는 제목처럼 사이코패스는 정상인의 가면을 쓰고 정상인인 것처럼 행동하지만 타인의 감정에 전혀 이입을 하지 못한다고 주장한다.

사이코패스가 오로지 관심을 쏟는 것은 자신의 욕망이다. 자신의 이익을 위해 매우 충동적이며 잔인한 행동도 과감히 행한다. 이러한 행동 속에 양심이나 죄책감은 찾을 수 없다.

사이코패스 성향은 아직까지 치료할 수 있는 뚜렷한 방법이 없으며 범죄를 저지를 때만 발현되기 때문에 평소에 잘 알 수가 없다는 것이 가장 큰 공포로 다가온다.

그렇다고 해서 모든 범죄자들이 사이코패스는 아니다. 범죄를 저지르는 사람들의 대부분은 반사회적 인격장애antisocial personality disorder를 갖고 있다. 하지만 반사회적인격장애를 겪는 사람 전부가 사이코패스라고 할 수는 없다.

사이코패스는 반사회적인격장애 중 하나다.

사이코패스의 원인은 생물학적 측면과 사회학적 측면으로 나누어 설명할 수 있다. 이 논의는 사이코패스가 선천적인 것인지 아니면 후천적인 환경에 의해 만들어지는 것인지에 대한 논란을 가져다 주기도 했다.

생물학적 측면에서 바라본 사이코패스는 행동과 충동을 조절하는 전두엽 한 부분의 미 활성화, 공격성을 억제하는 세로토닌의 부족, 세로토닌 분비에 관여하는 유전자 이상, 물리적 외상에 의한 전두엽 손상 등을 원인으로 들고 있다.

이러한 견해는 사이코패스가 유전적이고 선천적인 영향에 의해 태어난다고 보는 입장이다.

사회적 측면으로는 불우한 성장 과정, 욕구불만, 가족 간의 유대 단절, 아동학대, 아동기의 정신적 충격 등 비정상적인 사회화 과정을 원인으로 보고 있다.

그러나 전문가들은 사이코패스 성향에 대해 한 가지 원인만을 단정 지을 수 없으며, 매우 다양한 측면을 통합적으로 생각해야 한다고 말한다.

이처럼 사이코패스 성향이 발현되는 다양한 시각이 있지만, 현재 사이코패스의 원인을 보는 시각은 선천적인 면에 더 무게를 두고 있는 분위기다. 실제 사이코패스 성향이 나타나는 시기는 아동기에서부터 시작돼 성인까지 이어진다고 보는 견해가 지배적이다.

그렇다면 요즘 새롭게 관심을 받고 있는 소시오패스와 사이코패스의 다른 점은 무엇일까? 이 둘은 같은 듯 다른 성향을 보인다.

먼저 사이코패스와 소시오패스는 반사회적 인격장애 중 하나로 자신의 이익을 위해 상대방을 가차 없이 이용하고 통제하며 사회규범을 과감히 깨뜨리는 범죄행위를 하는 데 있어 양심의 가책을 느끼지 않는다는 점에서 비슷한 성향을 보인다.

하지만 이 둘의 가장 큰 차이점은 이 모든 행동이 반사회적 행동이며 타인에게 고통을 주는 행위라는 것을 인식하고 있는지와 아닌지에 있다.

사이코패스는 자신의 행동이 사회적 규범에 반하는 행동이라는 개념 자체가 없지만 소시오패스는 잘못된 행동이라는 인식을 하고 있으면서도 자신의 이익을 위해 잔인한 범죄를 아무렇지 않게 실행에 옮긴다.

소시오패스는 일상생활을 할 때 의도적으로 문제 행동을 하지 않고 오히려 매우 차분하고 얌전한 아이로 모범생의 모습을 연출하기도 한다.

어떻게 행동해야 칭찬을 받고 미움을 받는지 정확히 알고 있는 것이다. 이런 행동은 사회규범에 반하는 위법한 행동과 생활 속에 문제 행동에 대한 인식이 뚜렷하다고 볼 수 있다.

하지만 특정 상대나 상황에 처했을 때, 갑자기 광폭해지고 잔인한 성격을 드러내며 폭력적으로 돌변하기도 한다.

상대방의 고통을 즐기며 타인 위에 군림하려는 강한 독재자의 모습을 보이기도 한다. 히틀러를 비롯한 세계 다수의 독재자들이 소시오패스 성향을 가지고 있었다.

또한 불리한 상황에 처하게 되면 자신의 잘못을 합리화하거나 정당화하는 등, 동정심을 유발하는 행동을 교묘하게 이용하여 사람들의 마음을 자기편으로 끌어들이고 통제하는 데 익숙

소시오패스 성향을 가진 역사적 인물인 스탈린과 히틀러.

하다.

인류의 약 4% 정도가 소시오패스 성향을 가지고 있다고 한다. 이것은 사이코패스보다 더 높은 비율이다. 우리는 거리에서 25명을 지나칠 때마다 1명의 소시오패스를 만날 수 있는 환경에 살고 있다.

우리가 거리에서 마주치는 사람 중에는 통계학 적으로 25명 꼴로 1명씩 소시오패스 성향을 가진 사람들이 있다고 한다.

두 번째, 사이코패스와 소시오패스의 차이점으로 들 수 있는 것은 반사회적 성격장애의 발생 원인이다.

전문가들은 사이코패스의 원인을 생물학적인 요인에서 찾는다. 사이코패스는 환경에 의해 만들어지는 것이 아니라, 반사회적 인격장애를 선천적인 기질로 가지고 태어난다고 설명한다.

그러나 소시오패스는 후천적 환경에 의해 만들어진 성격장애라고 판단한다.

그래서 소시오패스는 보다 어린 시절에 잘못된 환경을 바꾸고 꾸준한 사랑과 상담을 통한다면 반사회적 인격장애를 고칠 수 있는 가능성이 높아 지속적인 관심이 필요하다고 말한다.

소시오패스는 자신이 하는 행동이 사람들에게 얼마나 큰 상처가 될지 알면서도 잔인한 행동을 멈추지 않는다는 점에서 더 위험하게 느껴진다.

사이코패스와 소시오패스는 어느 날 갑자기 태어난 사람들이 아니다. 아마도 우리가 성격장애를 가진 이들에게 이름을 명명하기 전부터 사이코패스와 소시오패스 성향을 가진 사람들은 존재하고 있었다.

인류 안에서 반사회적 인격장애 성향을 가진 이들이 일정한 비율로 태어나고 있는 이유에는 진화적, 유전적 비밀이 존재하고 있을 것으로 생각된다.

아직 우리가 그 비밀을 밝혀내지는 못했지만, 지금 이 순간 그들과 함께 살아가야 한다면 조금 더 그들에 대해 알고 이해하는 노력이 필요할 것이다.

또한 소시오패스와 같이 후천적 환경에 영향을 받아 반사회적 성격장애가 발생하는 경우라면 사회복지와 안전망을 확대해 나감으로써 상대적으로 폭력적이고 불우한 환경에 노출될 수 있는 어린 아동과 청소년의 복지에 힘쓰는 것도 미래의 소시오패스를 미리 막을 수 있는 방법 중에 하나가 될 수 있을 것이다.

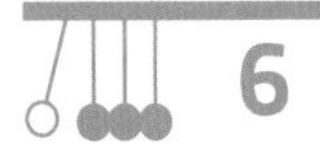

6

인덕션에 손을 대도 화상을 입지 않는 이유는?

요리를 할 때 주로 사용하는 주방가전은 가스레인지다. 조작이 쉽고 화력이 좋으며 편리하기 때문이다. 단점은 화재의 위험성과 청결 유지가 힘들다는 것이다.

이런 가스레인지를 대신해 인기를 끌고 있는 주방가전 중 하나가 인덕션이다. 인덕션의 가장 큰 장점은 화재 위험성이 적고 청결 유지가 훨씬 수월하다는 점이다.

현대사회에서는 점점 인덕션이 대중화되고 있다.

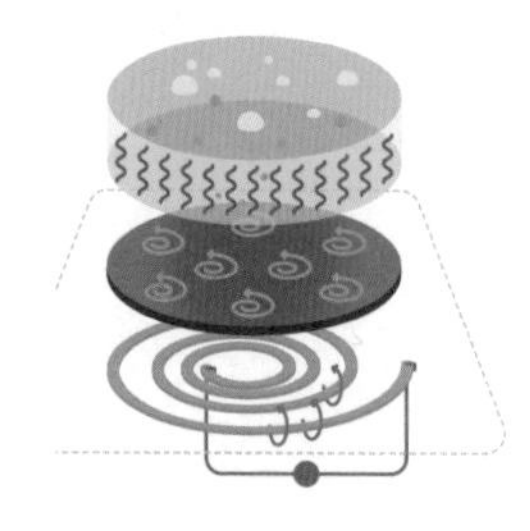

인덕션의
기본 구조.

하지만 인덕션도 단점이 있다. 그것은 인덕션에는 도체인 금속 용기 외 유리나 뚝배기, 알루미늄과 같은 다양한 재질의 용기를 사용할 수 없다는 것이다.

혹시 우연히 벌겋게 달아오른 인덕션 화구를 보고 자신도 모르게 움찔해본 적이 있는가? 인덕션은 가스레인지와 달리 화구에 손을 가져다 대도 화상의 염려는 없다.

이유는 인덕션의 가열 원리가 가스레인지와는 다르기 때문이다. 가스레인지는 가스를 점화시켜 가스 불꽃의 열로 요리를 하는 방식인데 반해 인덕션은 '전자기유도'의 원리를 이용한 전자

가스레인지와 인덕션.

기유도 가열 방식이다.

전자기유도는 자기장의 변화로 인해 전류가 흐르는 현상을 말한다. 인덕션 안에 있는 구리코일이 자석 주위를 움직이거나 코일 주변에 자석을 움직이면 자기장이 변화한다. 이렇게 변화한 자기장은 전류를 발생시키는 데 이것을 '유도전류'라 한다.

인덕션에서 발생한 유도전류가 도체인 금속용기에 전달되면 용기 속에는 전류에 대한 저항이 생기는데 이 저항에 의해 열이 발생하고 음식물을 익힐 수 있게 되는 것이다.

반대로 인덕션에 도체가 아닌 물질을 올려놓으면 유도전류가 흐르지 않아 저항이 생기지 않기 때문에 열이 발생하지 않는다.

그래서 인덕션 화구에 손을 가져가 대도 화상을 입지 않는 것이다.

그런데 이 글을 보고 가열된 인덕션에 손을 대는 사람이 있을지도 모르겠다. 조리 중인 인덕션은 당연히 뜨겁다. 요리를 위해 활발하게 전류가 유도된 상태이기 때문에 높은 열을 발생시키고 있으니 부디 직접 실험해보겠다는 생각은 하지 말자.

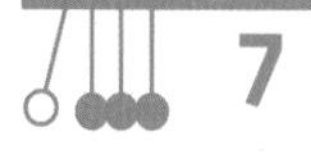

7

자동차 성에를 제거하기 위해 뜨거운 물을 부어도 될까?

추운 겨울, 마당에 세워둔 차위에 눈이 한가득 쌓여 있다. 바쁜 출근 시간, 시간에 쫓기던 차주는 펄펄 끓는 물이 담긴 전기주전자를 들고 나와 눈으로 꽁꽁 언 자동차 앞유리창을 향해 주저 없이 붓는다.

이 장면은 전기주전자의 빠르고 편리한 성능을 매우 강렬하고 성공

자동차 성에에 펄펄 끓는 물을 부으면 어떻게 될까?

적으로 알렸던 유명 주방 가전제품 회사의 오래 전 광고다.

그러나 자동차 회사 입장에서는 매우 난감한 광고였을지 모른다. 자동차 유리창에 뜨거운 물을 붓는 일은 생각보다 위험하기 때문이다.

안전유리가 깨지면 보이는 현상.

자동차의 측면과 후면의 유리는 강화유리다(자동차 전면 유리는 접합유리를 사용한다). 강화유리는 일반 유리보다 강도가 3~5배 높아 단단하고 잘 깨지지 않는 안전유리를 말한다.

강화유리는 일반 유리에 600~700도의 열처리를 한 후 유리 표면을 급랭시켜 압축하는 방식으로 만든다. 이 방식은 유리 표면에서 유리 내부로 미는 압축응력과 유리 내부에서 외부로 늘어나는 인장 응력을 발생시켜 밀고 당기는 두 힘의 균형에 의해 유리의 강도를 더 높게 만드는 원리다.

강화유리의 장점은 단단하고 안전하다는 데 있다. 깨지더라도 날카로운 조각이 아닌 동글동글한 모양으로 부서지기 때문에 부상의 위험이 상대적으로 낮다.

이런 특징 때문에 강화유리가 주로 사용되는 곳은 인테리어와

강화유리가 깨지면 사진과 같은 모습이 된다.

건축, 자동차, 항공기, 도난방지 창 등 내구성과 안전을 요구하는 분야다.

그러나 강화유리에도 단점이 있다. 강화유리는 유리 내부와 외부의 압축응력과 인장응력의 균형이 매우 중요하다. 만약 이 힘의 균형이 급격한 온도변화나 제조 공정상 불순물을 제거하지 않았거나 잦은 스크래치 누적 등에 의해 깨지게 된다면 작은 충격 하나에도 유리 전체가 부스러지거나 폭발하듯 파편이 튀는 자파현상이 발생할 수 있다. 자파현상은 강화유리가 외부충격이 없이 혼자서 깨지는 현상을 말한다.

강화유리는 불에 직접 올려놓아서는 안 되며, 오븐이나 전자레인지에 사용할 때는 사용 여부에 대한 설명서를 꼭 읽어봐야 한다.

냉장고에 넣은 강화유리 용기를 바로 전자레인지에 넣는다거나 꽁꽁 얼어 있는 자동차 유리창에 펄펄 끓는 물을 붓는 일들은 강화유리에 미세한 충격과 보이지 않는 흠집을 낼 수 있어 위험해질 수 있다

차가운 냉장고에서 꺼내어 바로 전자레인지에 사용해도 될 만큼 급격한 온도변화에 최적화된 유리 용기는 내열유리다.

내열유리와 강화유리의 성격을 잘 이해하는 것이 혹시 모를 안전사고에 대비할 수 있는 지름길이 될 수 있다.

내열유리는 전자레인지에서 음식을 데울 수 있다.

8

판매용 과일 100% 주스는 100% 과일주스가 아니다?

새콤달콤한 오렌지주스는 남녀노소 상관없이 모두가 즐겨 마시는 음료수 중 하나다. 언제부터인가 웰빙 분위기 속에서 과일의 신선함을 최대한 살려 천연 그대로의 맛을 즐기고 싶어 하는 소비자의 욕구가 높아지기 시작했다.

이러한 소비자의 욕구를 만족시키기 위해 천연과즙 100%, NFC(비농축과즙), 무첨가, 무가당 유기농 등의 이름으로 출시되는 프리미

엄 주스들이 등장하기 시작했다.

하지만 시판되고 있는 과일 음료수의 대부분은 우리가 생각하는 천연 그대로의 100% 과일즙이 아니다.

신선한 오렌지를 바로 짜서 즙을 낸 오렌지주스는 착즙 주스다. 착즙 주스는 착즙 후 되도록 빨리 마시지 않으면 상할 수 있다. 오렌지 본연의 맛과 영양 성분이 고스란히 담겨 있지만 보관 기간이 길지 않고 시판용 주스보다 상대적으로 달콤함이 덜 느껴진다. 시판용 주스에는 다양한 합성 착향료와 감미료 등이 함유되어 있기 때문이다.

과일의 즙을 보통 1/5로 끓이고 졸여 수분을 없앤 후, 급랭시

천연 과즙 100%는 착즙주스이다.

켜 보관하는 것을 '농축과즙'이라고 한다. 농축과즙은 과즙의 대부분을 차지하는 수분을 없애 보관과 운송이 편리하다. 또한 다시 수분을 첨가해 농도를 조절하면 다양한 식품 유형의 과일 음료로 재가공하기도 편리하다.

우리가 잘못 알고 있는 상식 중 하나는, 시판용 '100% 천연 과일주스'를 과즙 100%로 오인하는 것이다. 시판용 '100% 천연 과일주스'는 과즙 100%를 말하는 것이 아니다. 과즙을 1/10로 농축한 농축과즙을 10배의 물로 희석하여 원래 과즙 상태의 농도로 만들면 다시 100%의 오렌지주스를 만들 수 있다. 이것을 100% 천연주스라고 표기해도 되기 때문에 시판용 '100% 천연주스'로 내놓고 있다. 그리고 우리는 이것을 상표에 적힌 그대로 100% 과즙 주스로 알고 있다.

마트 등에서 구입해 마시는 과일주스는 함유량에 따라 혼합음료, 과채음료, 과채주스로 나눌 수 있다.

하지만 정확히 말하자면, 농축과즙을 물로 희석하여 환원시켰으므로 농축환원과즙 주스라고 해야 한다.

농축과즙을 희석하여 만든 주스는 원료가 된 과일 본연의 맛과 향을 떨어뜨리는 단점이 있어 인공감미료와 착향료를 사용하여 과일의 맛과 향을 끌어 올린다. 그래서 100% 천연 오렌지 주스에는 100% 오렌지 과즙이 없는 것이다.

과일 음료수는 과즙의 함유량에 따라 혼합음료, 과채음료, 과채주스로 나눈다.

과즙함량이 10% 미만을 혼합음료, 10~95% 사이를 과채음료, 95% 이상일 경우 과채 주스로 표기한다.

농축과즙으로 만든 주스와는 달리, 과일을 착즙하여 짜낸 과즙 그대로 농축하지 않고 살균 처리한 과채주스를 NFC(Not From Concentrate: 비농축과즙) 주스라 한다. NFC(비농축과즙)주스는 살균처리 과정에서 파괴될 수 있는 비타민 C를 첨가하거나 향을 위해 합성 착향료를 넣기도 한다.

이제부터 몸에 좋고 맛도 좋은 진짜 오렌지주스를 먹고 싶다면 반드시 상품설명을 잘 읽어보자.

다양한 형태의 NFC 주스들.

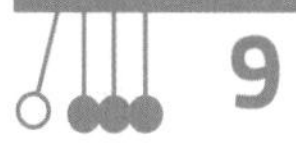

9

눈으로 봐서 만둣국 만두가 익은 것을 알 수 있는 방법은?

만둣국이나 물만두를 끓여본 사람이라면 알 것이다. 언제 만둣국의 불을 꺼야 아주 잘 익은 만두를 먹을 수 있는지. 그것은 만두가 물 위로 둥둥 떠오를 때다.

그렇지 않으면, 너무 익어서 옆구리가 터진 만두를 대면해야 한다거나 속은 아직도 얼음덩어리인 왕만두의 맛을 음미하게 될지도 모르기 때문이다.

끓는 물속에서 만두가 떠오르면 익었다는 신호이다.

쉽다면 쉽고 어렵다면 어려운 이 만둣국 레시피에는 생각지도 않은 과학의 원리가 숨어 있다. 바로 밀도의 원리다.

만두는 다양한 재료를 꽉 채워 넣어 밀도가 높은 상태이다.

만두는 다양한 재료를 채워 넣어 서로 뭉쳐져 있는 만두소 때문에 밀도가 높은 상태다.

만두를 물속에 넣으면 처음에는 물 밑으로 가라앉는다. 뭉쳐진 만두소의 밀도가 물보다 높기 때문이다.

물이 끓어오르기 시작하면 만두는 하나씩 떠오르기 시작한다. 끓는 물에서 발생한 수증기가 뭉쳐 있던 만두의 부피를 늘어나게 하기 때문이다.

밀도는 질량을 부피로 나눈 것을 말한다. 부피가 늘어나면 반대로 밀도는 낮아진다.

만두의 부피가 늘어날수록 밀도는 점점 낮아지게 되고 결국, 만두의 밀도가 물의 밀도보다 가벼워져

물 위에 둥둥 떠오르게 되는 것이다.

서서히 물 위로 떠올라 둥둥 춤을 추고 있는 만두가 보이기 시작한다면, 드디어 맛있는 만두를 즐길 시간이라는 신호다.

10

산에서 길을 잃었을 때 이끼로 방향을 안다?

안전사고는 누구에게나 발생할 수 있다. 만약 산에서 길을 잃고 헤매는 상황이 발생한다면 어떻게 해야 할까? 스마트폰도 안 되는 곳이라면? 특히 예기치 않은 사고일 때는 더욱 당황하게 되고 정신적 불안감으로 더 큰 화를 불러올 수 있기 때문에 이런 상황에서는

산에서 길을 잃으면 어떻게 해야 할까?

침착하게 행동하는 것이 무엇보다도 중요하다.

산에서 나침반 없이 길을 찾는 방법은 생각보다 다양하다. 하지만 아무런 도구가 없는 상황에서는 자연물이나 지형을 이용하는 것이 가장 큰 도움이 된다.

산에서 길을 잃었다면 찬찬히 주변을 관찰하자. 여전히 아무것도 알 수 없다면 나무나 바위 혹은 땅에 이끼가 자라는 곳을 찾아보길 바란다. 이끼가 우리에게 길을 안내해 줄 수 있기 때문이다.

일반적으로 이끼는 습하고 햇빛이 없는 곳에서 더 무성하게 자라는 습성이 있다.

나무의 이끼 상태로도 방향을 유추할 수 있다.

바위나 나무에 이끼가 끼어 있다면 그 방향은 상대적으로 습하고 햇빛의 양이 적은 북쪽일 가능성이 매우 높다. 반대로 이끼가 자라지 않는 반대쪽은 남쪽이 되는 셈이다. 이끼가 자란 쪽을 향해 서서

오른손을 들면 그쪽은 동쪽이며 왼손이 서쪽이 되는 것이다.

이끼를 통해 동서남북을 알게 되었다면 그 다음은 계곡과 능선을 찾아 내려갈 것인지 올라갈 것인지를 결정해야 한다.

내려오는 길이었다면 계곡을 따라 내려가는 게 매우 유리하다. 우리나라의 웬만한 산은 계곡을 따라 내려가다 보면 1시간 이내에 민가를 만날 확률이 높다고 한다. 설악산이나 지리산과 같이 산세가 험해 폭포가 있거나 가파른 지형이 아닌 이상 금방 길을 찾을 수 있다. 특히 중부지방의 산들은 서쪽 계곡을 따라 내려가면 하류에 도착할 확률이 높다고 한다.

위험은 언제 발생할지 모른다. 산이나 바다 여행을 갈 때는 아무리 짧은 여행이라고 해도 생각지 못한 위험에 대비해 철저히 준비하자.

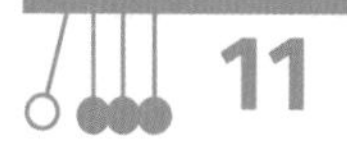

11

판다는 모두 곰의 사촌이다?

판다라고 하면 큰 덩치에 흑백의 털색을 지닌 귀여운 곰이 떠오를 것이다.

판다의 종류에는 우리가 일반적으로 떠올리는 곰과의 자이언트판다Giant panda가 있고 레서판다lesser panda라고 불리는 족제비나 스컹크에 가까운 작은 판다가 있다.

이 중 레서판다는 초기에 너구리과에 속하는 것으로 알려졌으나 연구 결과 레서판다라는 독립적인 한 과로 분류하게 되었다.

레서판다와 자이언트판다가 속하는 식육

목食肉目 동물들은 육식 동물이지만 이 둘은 식육목 동물임에도 초식을 하는 독특한 성향을 지니고 있다. 이러한 특징은 오랜 진화과정 속에서 생존을 위한 불가피한 선택이었을 것으로 추정하고 있다.

레서판다.

재미있게도 대나무를 주식으로 하는 판다는 풀을 잘 소화하지 못한다고 한다.

자이언트판다 같은 경우, 잠을 자지 않고 깨어 있는 시간의 대부분을 먹고 소화하는 데 시간을 보내고 있지만 흡수된 영양분의 양은 전체 대나무의 고작 20% 정도밖에 안 된다고 한다. 이유는 풀을 소화하기 어려운 육식 동물의 신체 기관을 가지고 있기 때문이다.

대표적인 식육목과 동물들.

이와 같은 이유로 판다는 에너지 소비를 줄이기 위해 활동량을 최소한으로 줄이고 장시간 잠을 잔다.

판다라는 이름은 우리가 일반적으로 알고 있는 자이언트판다Giant panda가 아닌 레서판다lesser panda에게 먼저 붙여진 이름이다. 영어로 레서lesser는 '작은'이라는 의미를 가지고 있다.

전 세계에 얼마 남지 않은 판다는 독특한 성향만큼 자손 번식이 매우 까다로워 관심이 필요한 멸종위기종이다.

자이언트판다는 섭취한 대나무 중 20%만 영양분을 흡수할 수 있다.

12

함박눈이 오는 날은 날씨가 포근하다?

함박눈이 내리는 날은 왠지 더 포근하고 따뜻한 느낌을 받는다. 펑펑 내리는 함박눈이 동화 속 눈의 여왕이라도 된 듯한 낭만적 기분을 샘솟게 하는 탓일까? 아니면 그저 막연한 착각에

지나지 않는 것일까?

실제 함박눈이 내리는 날은 다른 날에 비해 더 포근하다. 이런 현상 속에는 단순한 느낌을 넘어 매우 과학적인 원리가 숨어 있다.

눈은 비와 다르게 수증기가 얼어서 형성된다. 이 과정에서 기체인 수증기는 고체인 빙정이 되는 데 이것을 승화라고 한다.

승화는 고체가 액체 상태를 거치지 않고 바로 기체가 되거나 기체가 바로 고체가 되는 과정을 말한다. 서리도 승화의 한 예라고 할 수 있다.

이때 수증기가 빙정으로 승화하면서 가지고 있던 열을 방출하게 되는데 이것을 승화열이라고 한다. 승화열은 에너지보존의

물질의 상태변화

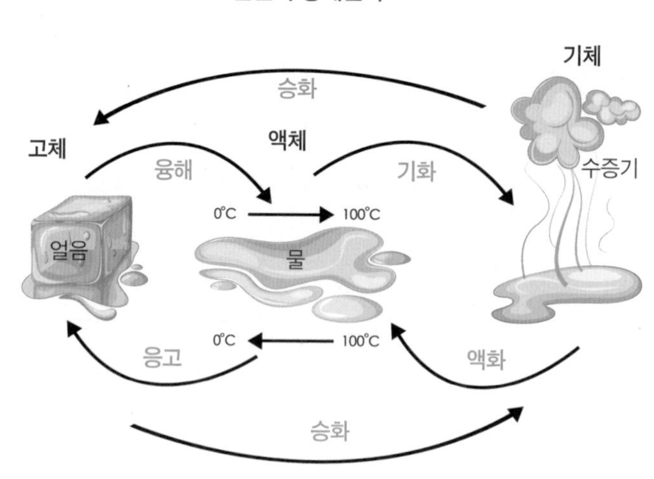

법칙에 의해 사라지지 않고 대기로 흡수된다.

'에너지보존법칙'은 모든 에너지는 사라지지 않고 열, 전기, 자기, 빛 등의 역학적 에너지로 변환되며 총량은 변하지 않는다는 원리다.

이때 승화열은 눈 1g당 8kcal가 발생한다. 빙정의 알갱이가 크면 클수록 수증기에서 방출되는 열이 많기 때문에 입자가 큰 함박눈이 오면 오히려 날씨가 포근해지고 더 따뜻함을 느끼게 되는 것이다.

13 조상들의 지혜가 담긴 속담 - 달무리가 지면 비가 올 징조?

달무리 진 밤하늘.

어두운 밤하늘, 샛노란 빛을 띠며 둥실 떠오른 보름달은 참으로 매력적이다. 하지만 아무리 매력적인 보름달이라 해도 뿌옇게 달무리가 진 모습은 도깨비나 귀신이 나올 것 같은 분위기에 왠지 을씨년스럽다.

아름다운 달을 감싸는 희뿌연한 달무리가 지면 비가 오거나 날씨가 흐리다는 말이 있다. 과연 이 말은 사실일까?

결론을 말하자면, 이 말은 확률적으로 사실에 가깝다.

무리는 높은 상공에 넓게 형성된 권층운cirrostratus에서 발생한다. 권층운은 대기 중의 얼음 결정인 빙정ice crystal으로 이루어져 있다. 달무리는 얼음 결정인 빙정에 부딪힌 달빛이 굴절, 반사되어 발생한다.

권층운.

권층운은 온난전선이 다가오기 전에 나타나는 구름으로 권층운이 지난 후에는 비구름이라 부르는 난층운nimbostratus이 밀려온다.

난층운.

온난전선이 통과한 후에는 기온이 오른다. 그래서 온난전선의 전면에 나타나는 권층운에 의해 달무리가 지면 이후 비구름인 난층운이 몰려올 확률이 높은 것이다.

하지만 기상예측은 다양한 변수에 의해 달라질 수 있다. 권층운 이후 온난전선은 다양한 이후로 방향이 바뀌거나 소멸될 수 있다고 한다.

기상예측이 발달한 현대에도 달무리가 지면 반드시 비가 온다고 말할 수 없는 이유가 여기에 있다. 달무리가 진 이후 비가 올 확률은 약 70~80%라고 한다.

14

소화가 안 될 때 탄산음료를 마시면 소화가 될까?

대한민국 K-푸드의 대명사 치맥! 치맥처럼 뗄레야 뗄수 없는 숙명으로 엮인 음식이 또 있다. 바로 피자와 콜라다.

기름진 피자에는 탄산음료의 청량감이 소화를 돕고 느끼함을 잡아줄 것 같은 생각이 들어서일까? 왜 피자는 콜라와 먹어야 제맛이 난다고 생각하게 된 것일까?

피자와 커피, 피자와 오렌지주스, 피자와 우유! 먹지 못할 조합은 아니나 마치 잘못된 만남을 뜯어말리듯 피

우리는 대부분 기름진 음식을 먹을 때 탄산음료를 마신다.

자를 주문할 땐 언제나 콜라를 선택했다.

탄산음료의 매력은 위장에서 식도를 타고 지하수가 분출하듯 터져 나오는 청량감이다. 이렇게 시원하고 탁 쏘는 청량감은 사람들에게 쾌감을 주며 답답한 마음이 한결 가벼워지는 기분까지 전해주어 매니아들에게는 더할 나위 없이 고마운 음료다.

그러나 단순히 소화만을 위해서 탄산음료를 선택한다면 선뜻 권하고 싶지는 않다.

소화는 음식물을 흡수할 수 있도록 잘게 부수는 과정으로 크게 기계적 소화와 화학적 소화가 있다.

기계적 소화는 음식물을 부수고 소화액과 잘 섞이게 하는 것이며, 화학적 소화는 소화기관에 들어온 음식물을 다양한 소화

효소에 의해 잘게 부수는 과정을 말한다.

탄산음료를 구성하는 대부분의 성분은 설탕과 물이다. 탄산음료에 포함된 다량의 과당은 소화되는 과정에서 발효가 되어 가스를 대량 발생시킨다. 이렇게 발생한 가스는 오히려 소화 장애를 일으키는 요소가 된다. 또한 탄산음료에는 소화에 이용될 수 있는 소화효소가 없다.

가스를 발생시키는 것은 이것뿐만이 아니다. 탄산도 마찬가지다.

탄산은 물에 녹은 이산화탄소다. 독성이 없는 이산화탄소는 물에 잘 녹는 성질 때문에 음료제조에 많이 사용된다.

이산화탄소는 일정한 압력을 주어 음료에 주입하면 탄산의 형

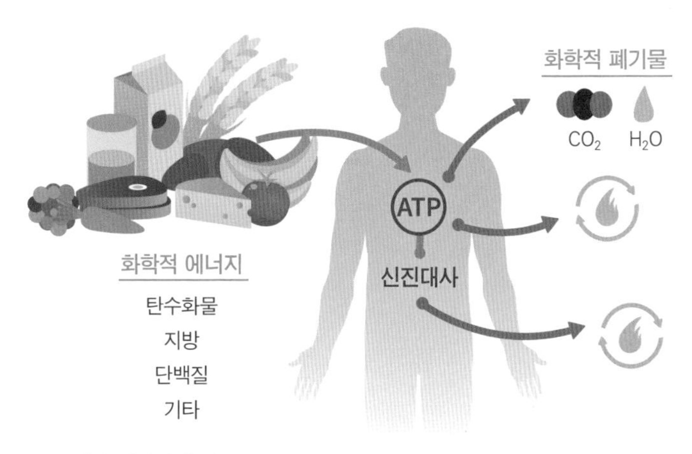

인간의 신진대사 활동.

태로 녹아 있게 되는데 캔을 따는 순간 탄산 속에 이산화탄소의 압력이 낮아져 밖으로 분출된다. 이때 거품을 일으키며 음료도 함께 분출되는 것이다. 이 과정에서 이산화탄소 대부분은 날아가버리고 소량의 이산화탄소만이 탄산의 형태로 소화기관에 도달하여 트림을 유발한다.

트림은 위에서 식도로 공기나 가스가 역류하여 발생하는 생리현상이다. 이 현상은 소화와는 상관이 없다. 트림을 할 때, 밖으로 빠져나간 공기나 가스에 의해 위의 부피가 줄어들면서 더부룩한 배가 편안해진 느낌이 들 수는 있다. 하지만 이것 또한 실제 소화가 되는 과정은 아니다.

트림을 할 때 가스와 공기 외에 위산이 함께 역류하면서 역류성 식도염을 유발하기도 하며 과도한 트림은 식도와 위장을 이어주는 분문괄약근을 약하게 만들 수도 한다.

만약 당신이 탄산음료를 마시며 스트레스를 날려버리고 행복한 기분이 든다면 즐겁게 마시길 권한다. 실제 소화와 상관이 없어도 소화가 된다고 믿으며 마시는 탄산의 플라시

탄산을 마시면 소화가 잘 된다는 기분은 플라시보 효과이다.

보효과(믿는 대로 효과가 발생하는 현상)도 심리적으로 매우 중요한 작용이다.

하지만 우리는 뇌의 즐거움과 신체의 건강 사이에서 밸런스를 찾는 일을 잊어서는 안 된다. 소화불량일 때는 정확한 의사의 처방을 받아서 소화제를 먹는 것이 가장 좋은 방법이다.

15

열이 많으면 모기에게 잘 물린다?

열대야로 잠을 설치는 여름밤이면, 항상 모기와의 사투를 벌였던 기억이 난다. 효과 좋다는 모기퇴치제를 다 쓰고 빈 틈 하나 보이지 않을 정도로 철통방어를 해도 도대체 어디로 들어왔는지 모기 군단은 방어막을 보란 듯이 뚫고 웽~웽 거리며 날아

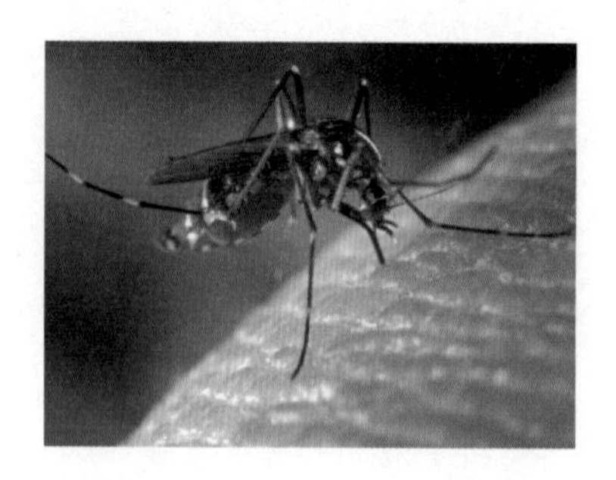

다닌다. 모기 때문에 밤잠을 설쳐본 경험이 있는 사람이라면, 이 고통을 공감할 것이다.

결국 잠자는 것을 포기한 채 육탄전으로 전술을 바꾸기로

마음먹고 만반의 준비를 한다. 과거의 낡은 무기였던 파리채를 버리고 최첨단 과학이 선사해준 신무기 전자모기채를 장착한 후, 온 신경을 모기에게 집중시킨다.

인간은 모기를 잡기 위해 다양한 도구를 발명해왔다.

그러면서 문득 드는 생각은 '왜 하필 나만 이렇게 모기가 무는 거지? 내가 열이 많아서인가?'였다.

'모기는 열감지 센서가 있어 열이 높은 사람을 좋아한다'는 말을 들어본 적이 있을 것이다. 지피지기는 백전백승이라 했던가? 잠시 육탄전을 접어두고 적군의 전력을 분석하기로 했다.

모기는 공룡이 살던 시대부터 생존해온 가장 오래 살아남은 곤충 중 하나이다. 지구상에는 약 3500여 종에 이르는 모기가 서식하는 것으로 알려져 있다.

피를 빠는 모기는 산란기에 접어든 암컷 모기만이다. 평소에는 꿀과 수액을 먹고 사는 암컷 모기가 흡혈을 하는 이유는 영양을 보충하기 위해서다.

암컷 모기는 교미를 한 후 수컷의 정자를 자신의 배 아래쪽 정자낭에 저장해둔다. 이후 자신의 난자가 성숙해지면 정자낭에 있는 정자를 분비해 수정을 한다.

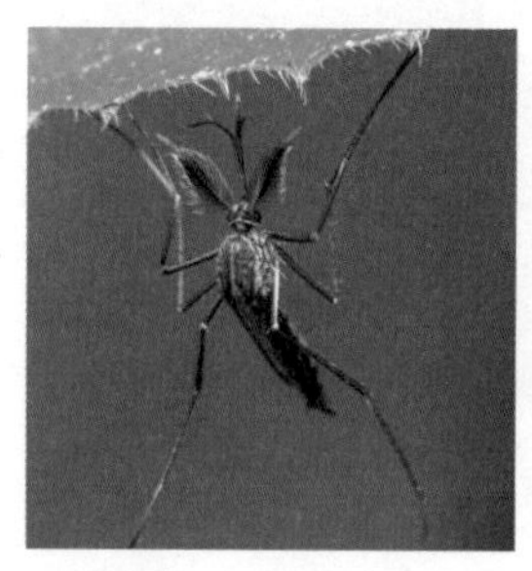
수컷 모기.

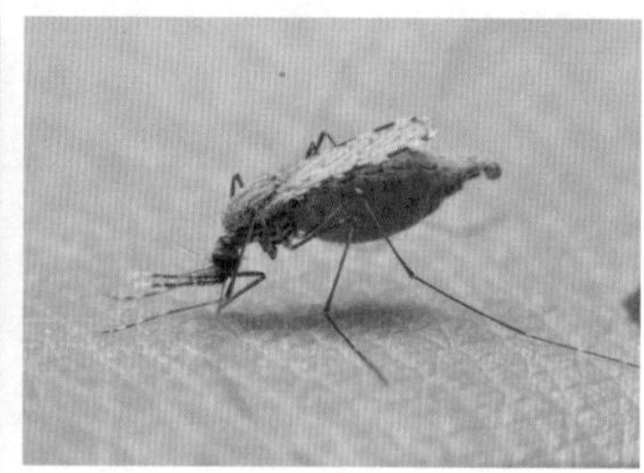
암컷 모기.

이때 인간의 혈액에서 섭취한 단백질과 철분은 암컷 모기의 난자를 성장시키는데 아주 훌륭한 영양분이 된다. 암컷 모기에게 인간은 걸어 다니는 식량창고인 셈이다.

그렇다면 모기는 어떻게 흡혈 대상의 위치를 정확히 알 수 있는 것일까?

시력이 나쁜 모기는 사물을 시각적으로 잘 구별하지 못한다고 한다. 시각 대신 탁월하게 발달한 후각을 비롯해 열과 파장을 감지하는 능력으로 사물의 위치를 알아낸다. 체온이 높은 사람은 실제로 암컷 모기의 표적이 될 확률이 더 높다. 암컷 모기에게는 사람의 체온을 감지하는 능력이 있기 때문이다.

그런데 암컷 모기가 특히 더 좋아하는 사람은 땀, 향수 등의 냄새를 제공하는 사람이다.

암컷 모기는 사람의 땀에서 나오는 젖산과 지방산 등에 민감하게 반응하여 냄새를 쫓아 모여든다. 신체 활동이 왕성하고 건강한 사람일수록 열이 높고 체취가 강해 모기의 레이더에 더 빨리 포착될 수 있다. 특히 모기는 이산화탄소 감지능력이 뛰어나다. 사람의 신체 중 이산화탄소가 많이 나오는 콧구멍 주변에 모기가 몰려드는 이유도 이산화탄소에 더욱 반응하여 흡혈 유혹이 강해지는 모기의 특성 때문이다.

이외에도 발 냄새, 땀 냄새, 화장품, 향수, 바디제품 등에 함유된 옥탄올octanol 또한 모기가 아주 좋아하는 냄새에 속한다.

땀, 화장품, 향수 등에는 모기가 좋아하는 옥탄올이 들어 있다.

심한 운동 후 땀범벅으로 씻지 않고 잠자리에 들거나, 진한 향수나 향기가 많이 나는 화장품을 바르고 돌아다니는 행동은 암컷 모기의 사랑을 한 몸에 받는 일이다.

모기는 빛의 파장을 감지하는 능력도 있다. 모기가 좋아하는 파장은 푸른색이나 검정색과 같은 짧은 파장이다. 그래서 여름엔 되도록 어두운 색의 옷보다 헐렁한 흰색이나 밝은 색 옷을 입는 것이 모기를 피할 수 있는 좋은 방법이다.

이런 노력에도 불구하고 모기에게 물렸다면, 티스푼을 준비하자. 티스푼을 펄펄 끓는 물에 잠시 담갔다가 꺼내어 40~50℃ 정도로 식힌 후 모기가 피를 빤 상처에 20~30초 가져다 대면 가려움이 금방 사라진다. 나름 이 방법은 과학적으로 일리가 있는 처치다.

티스푼을 뜨거운 물에 담갔다가 모기 물린 자리에 대면 가려움을 가라 앉힐 수 있다.

모기에게 물려 발생하는 가려움은 모기의 독성분인 포름산 때문이다. 포름산은 40~50도 정도의 열에 의해 분해되기 때문에 뜨거워진 티스푼으로 가려운 증상을 없앨 수 있는 것이다.

더운 여름, 과음으로 체온을 올리거나 심한 냄새를 풍기는 일은 절대 하지 말자. 모기의 종족 번식에 깊은 관심이 있지 않은 한 말이다.

16

로봇청소기는 얼마나 유능할까?

과학 기술의 혜택을 누리자며 구매한 로봇청소기! 언제인가부터 이름을 지어주고 방긋 인사도 한다. 의인화도 모자라 게으른 주인을 만나 중노동에 혹사당하는 게 안쓰러워 미안한 마음까지 샘솟을 무렵! 요리조리 장애물을 잘도 피해나가며 청소를 하

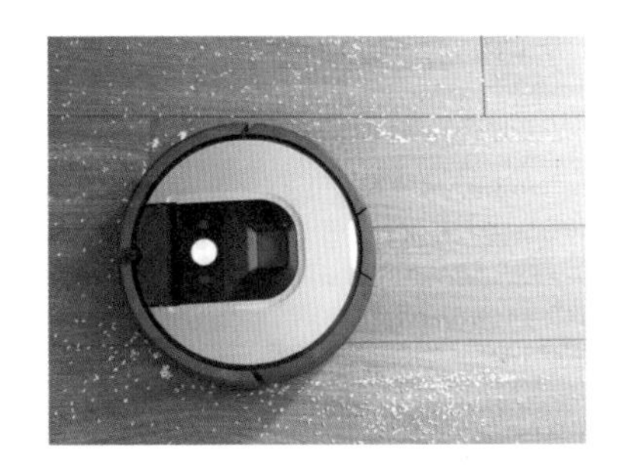

는 이 꼬마 로봇의 능력에 갑자기 정체가 궁금해지기 시작했다.

우리가 생각하는 것 이상으로 이 작은 로봇 안에 구현되

어 있는 과학기술의 힘은 대단히 최첨단이다.

자율주행차 기술이 발달하지 않았다면, 로봇청소기 기술도 발전하지 못했을 것이다. 좁게 보면 로봇청소기 또한 집 안을 스스로 돌아다니는 작은 자율주행차와도 같기 때문이다.

자율주행차의 첨단 과학 기술이 로봇청소기를 가능하게 했다.

그래서인지 이 작고 귀여운 로봇에는 3D센서, 라이다, 사물인식 센서 등 자율주행차에서나 볼법한 다양한 첨단 센서 기술이 들어가 있다.

3D센서는 두 개의 카메라를 통해 사물의 형태를 가로와 세로뿐만 아니라, 좀 더 입체적이고 다각적인 방향에서 인식하여 모

양과 깊이감까지 감지해 낸다.

이와 함께 360도 레이저를 발사하는 라이다 센서는 주변장애물에서 반사해 온 빛을 통해 사물의 거리와 형태의 굴곡까지 알아내 좀 더 세밀한 장애물 인식에 도움을 준다. 또한 사물인식 센서는 3D센서와 라이다 센서에서 보내온 데이터를 스스로 학습하고 인지하여 장애물의 정체를 파악하는 데 도움을 준다.

3D센서와 라이다 센서가 적용되고 있는 자율주행 도로의 미래 이미지.

3D센서와 라이다는 사물의 길이, 모양, 깊이, 사물과의 거리 등을 인지하는데 도움을 주지만 모양이 똑같아도 돌인지 스펀지인지는 알 수가 없다. 이것이 돌인지 스폰지인지를 저장되어

있는 데이터를 기반으로 분석하여 사물의 구체적인 성질을 알려주는 것이 사물인식 센서다. 로봇청소기에 장착된 3개의 핵심적인 센서가 상호 보완적으로 데이터를 주고받으며 보다 정교하고 세밀한 사물인식을 해 나간다.

이렇게 수집된 데이터는 로봇청소기의 경로 지도를 만드는 데 기반이 된다. 매일 집안의 같은 경로를 돌며 수집한 지도는 이전 지도와의 비교를 통해 업데이트되고 주변의 작은 변화에도 민감하게 반응할 수 있도록 한다. 정말 작은 인공지능이자 자율주행차라고 해도 과언이 아니다.

하지만 로봇청소기도 두려워하는 것이 있다. 그것은 계단이다.

로봇 청소기에게 계단은 자칫 잘못하면 굴러 떨어져 파손과 오작동의 위험이 있기 때문에 세심한 주의를 요한다. 그래서 로봇청소기에는 바닥과의 거리를 계산해 바닥과의 거리가 깊어지면 더 이상 넘어가지 못하게 하는 절벽 센서가 있다.

이 절벽 센서는 바닥의 깊이감을 계산하고 지도상의 위치와 대조해 주변환경의 변화를 감지한다. 때문에 자율주행차와 같이 로봇청소기에게도 경로지도는 매우 중요한 데이터가 된다.

이밖에도 다양한 센서가 부착되어 점점 기능이 확대되고 있는 로봇청소기는 미래 가정용 로봇의 시작이 될 것이다.

로봇 청소기의 경로지도 만들기에도 자율주행의 과학적 원리가 숨어 있다.

미래에는 친구 센서가 강화된 로봇청소기와 즐거운 담소를 나누게 될지도 모르겠다.

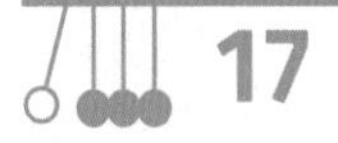

17

인간의 뇌와 인공지능의 뇌 중 진정한 천재는?

2016년, 3월! 구글 딥마인드의 인공지능 바둑 프로그램 알파고가 최정상 프로 바둑 기사였던 이세돌 9단을 상대로 대승을 거둔 사건이 발생했다.

알파고가 인간을 이기면서 인공지능 연구는 새로운 단계로 접어들었다.

이 엄청난 사건을 지켜보던 많은 사람들은 충격과 두려움에 빠졌다. 엄청난 과학기술의 발전 앞에서 마냥 즐겁게 박수칠 수만은 없었기 때문이다.

인간과 인공지능 중 누가 더 똑똑할까?

이후 알파고의 발전은 그야말로 빛의 속도였다. 불과 4년이 흘렀을 뿐인데 알파고의 고손자뻘쯤 되는 알파 제로는 고조할아버지 알파고를 몇백 배 뛰어넘는 수준으로 성장해 있었다.

인공지능의 발달은 과연 어디까지일까? 정말 인간의 고유영역으로 불리는 예술과 창조의 능력도 가지게 될까? 아직은 인간이 정해준 알고리즘의 한계를 넘어서지 못하는 것이 인공지능이다.

하지만 그 발전 속도는 우리의 상상 이상으로 빠른 것도 사실이다. 인공지능의 한계가 어디까지일지는 아직 장담할 수 없다. 그럼에도 인공지능과 인간을 구분할 수 있는 경계는 있다. 그것은 내가 알지 못한다는 사실을 알지 못하는 것이다.

만약 인공지능과 인간에게 동시에 다음과 같은 질문을 한다면 누가 더 빠르게 대답할 수 있을까?

'태양계와 가장 가까운 별자리의 다섯 번째 밝은 별의 이름을 아십니까?', '우리나라에서 10번째로 많은 성씨를 아시나요?', '지하철 2호선 중 7번째로 긴 역의 이름은 무엇일까요?'

대단한 승부욕이 있거나 무조건 우기기로 마음먹지 않았다면, 인간의 답은 간단하다. '모른다'이다.

하지만 인공지능은 이 질문이 던져지는 순간 모든 데이터를 끌어 모아 알고리즘을 돌리고 돌리고 또 돌릴 것이다.

아마도 인공지능은 '없는 데이터는 모른다고 답한다'는 명령어를 받지 못했다면, 연관 단어를 가져와서라도 답을 하게 될 것이다. 설사 '모른다'고 대답한다 하더라도 데이터에 없다는 것을 인공지능이 알기까지는 최소 약간의 공백이 발생할 수 있다.

인공지능은 어떤 질문을 받든 그 대답을 찾기 위해 모든 데이터를 검색해본다. 이를 위해 딥러닝 학습을 하고 있다.

인간처럼 바로 '모른다'라고 대답하기 어렵다는 것이다. 이유는 자신의 데이터 전체를 검색해 본 후에야만 비로소 데이터가 없음을 알 수 있기 때문이다.

그러나 흥미롭게도 인간의 뇌는 자신이 알고 있는 기억을 전부 돌려보려 노력조차 하지 않고 질문과 동시에 '모른다'라고 자신 있게 대답할 수 있다.

이와 반대인 상황도 마찬가지다. '우리나라에서 가장 큰 섬 이름을 아시나요?'라는 질문에 굳이 검색창에 질문을 쓰지 않아도 바로 '네'라는 대답이 나올 것이다.

아직까지는 인간만이 자신이 아는 것과 모르는 것을 정확히 파악할 수 있는 능력을 가지고 있다. 이것을 '메타인지'라고 한다.

메타인지는 자신이 무엇을 알고 무엇을 모르는가를 판단함으로써 앞으로 무엇을 보완해 나가야 할지를 스스로 계획하고 구체적 실행방법에 대한 전략을 세울 수 있는 힘이다. 이러한 메타인지를 통해 인간은 문명을 발전시켰고 우리를 닮은 인공지능을 창조했다.

먼 미래에 인공지능에게도 자신이 모르는 것과 아는 것을 판단할 수 있는 메타인지가 생긴다면 인간의 삶은 어떻게 변해 있을까?

그때 우리는 이와 같은 상황에 박수를 치게 될까? 아니면 영화와 공상과학 소설이 우려하는 위험 속에서 두려움을 느끼게 될까?

인간과 로봇이 공존하는 미래 사회에서 우리는 편안하고 안락한 삶을 살고 있을까 아니면 대부분의 영화처럼 인간에게 위협이 되는 환경일까?

18

잃어버린 기억을 찾으려면 냄새를 맡아라?

꽁치 김치찌개.

우연히 길을 걷다 평소와는 다른 김치찌개 냄새에 저절로 고개를 두리번거리게 된 경험이 있다. '어! 이건 꽁치 김치찌개?' 아주 오랜만에 맡아 본 특유의 꽁치 김치찌개 냄새였다.

그런데 난 몇 년 동안 꽁치 김치찌개를 먹지 않았다. 그렇다면 나는 오랫동안 먹지 않았던 꽁치 김치찌개를 냄새만 맡고 어떻게 바로 알아차릴 수 있는 것일까?

냄새를 통해 과거의 기억을 떠올리는 현상을 푸르스트 현상이라고 한다. 소설 '잃어버린 시간을 찾아서'에서 주인공이 홍차에 적셔 먹은 마들렌 과자의 냄새를 맡고 무의식 속의 어린 시절을 회상하는 장면에서 유래한 단어로 소설의 작가인 '마르셀 프루스트'의 이름을 따서 지은 개념이다.

우리가 가장 오래도록 기억 속에 저장해 두고 있는 감각기억은 무엇일까? 시각? 촉각? 청각? 기억은 상황에 따라 환경에 따

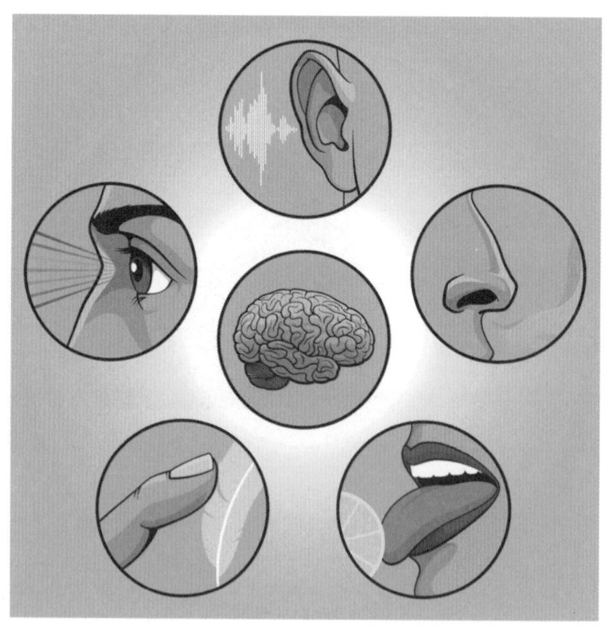

인간의 5가지 감각기억 기관.

라 오래도록 여운을 남길 수도, 금방 잊혀질 수도 있다. 그것이 좋은 기억이든, 나쁜 기억이든 간에 말이다. 오래된 기억일수록 왜곡되고 변형되기 쉽다. 일반적으로 우리는 시각에 의한 기억을 가장 강렬하게 느낀다. 그래서 시각기억이 가장 오래도록 남을 것이라고 생각한다.

하지만 아쉽게도 시각이 주는 정보야말로 인간의 착각을 불러오기 좋은 감각 기억이다.

1960년대 미국의 심리학자 조지 스펄링George Sperling의 감각 기억 연구결과에 따르면, 인간이 기억하는 감각 기억 중 가장 짧은 것은 시각이었으며 그 다음이 청각, 촉각 순이었다. 시각적 감각에 의한 기억이 가장 빠르게 잊혀지는 것이다.

그렇다면 인간이 가장 오랫동안 기억하는 감각은 무엇일까? 그것은 바로 후각이다.

후각은 다른 감각과는 다른 경로로 뇌에 저장된다. 우리의 감각기관인 시각, 촉각, 미각, 청각 등은 각각의 감각수용기를 통해 뇌로 전달된다.

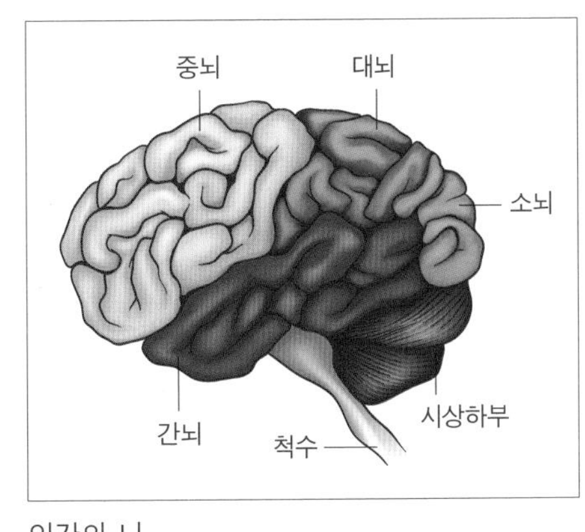

인간의 뇌.

이 감각들은 간뇌의 시상에 저장된 후 대뇌피질로 보내져 정보처리 과정을 거친다. 간뇌는 일종의 감각 저장소이며 감각정보가 모이는 중계소 같은 역할을 하는 곳이다.

하지만 유일하게 후각만은 시상을 거치지 않고 감정과 무의식을 담당하는 편도체에 바로 전달된다. 중간 편집 과정 없이 바로 뇌의 핵심부로 전달되는 감각인 것이다.

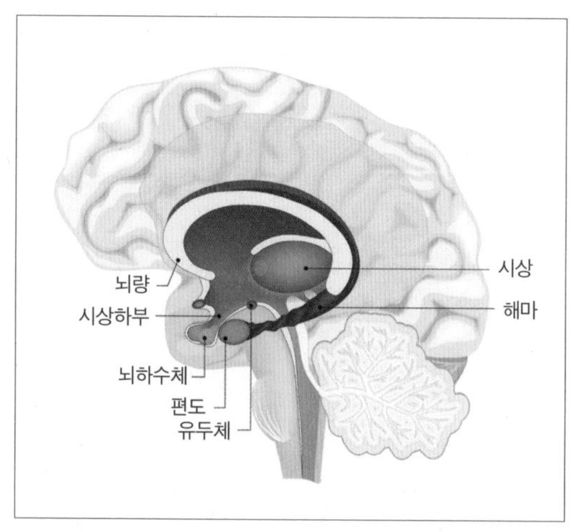

둘레계통.

편도체는 오랜 장기기억과 공포를 담당하는 기관으로 편도체에 이상이 생기면 특정한 감정을 읽지 못하고 두려움을 느끼지 못하는 현상이 발생한다. 그리고 편도체는 우리의 무의식을 담당하는 곳이기도 하다.

오랜 세월 무의식속에 쌓여 트라우마가 되거나 각인된 기억을 불러내는 방법 중 하나는 후각을 이용하는 것이다. 무의식속에 꽁꽁 싸매고 싶었던 기억을 의식으로 끌어올리는 작업은 깊은 마음의 병을 치료하는데 도움을 줄 수 있다.

그러나 후각 기억은 독립적으로 작용할 수 없다고 한다. 같은 와인의 색깔만 바꿔 냄새를 맡게 하면 대다수의 사람들은 다른 향기가 느껴진다고 말한다고 한다. 이것은 시각정보를 바꾸면 후각정보에도 문제가 발생하는 하나의 예라 할 수 있다.

후각기억은 우리 뇌에게는 일종의 버튼과도 같다. 후각 자체만으로 정확한 기억을 소환할 수는 없지만 머릿속의 후각 버튼이 눌리는 순간, 모든 감각과 연결이 되어 과거의 기억은 시각, 청각, 촉각 등으로 펼쳐지는 것이다.

시각, 청각, 촉각 등의 감각기억은 오랜 시간이 지날수록 뇌의 정보처리 과정에서 쉽게 사라져버리거나 변형될 수 있다.

그러나 냄새에 대한 기억만은 사고의 과정 없이 오랜 기억을 소환하는 방아쇠가 될 수 있는 것이다.

19

전자레인지에 달걀을 넣으면 무슨 일이 일어날까?

우리의 일상에 편리함을 더해주는 가전제품 전자레인지.

삐비빅-삐비빅-띵! 불과 2분만에 핫도그 2개가 모락모락 김을 내며 맛있게 익었다. 프라이팬에 굽기 위해서는 1시간 정도 해동을 시켜야 하는 번거로운 작업을 단 2분 만에 끝내준 고마운 전자레인지는 현대인에게 필수적인 인기 높은 조리도구 중 하나다. 상대적으로 저렴한 가격에 공간도 적게 차지하며 조작도 아주 쉽다.

간단하게 전기만 연결하면 빠르고 간편하게 음식을 데우고 익힐 수 있다.

사용 가능한 용기의 재질 또한 금속 용기만 아니라면 전자레인지 전용 재질에 한해서 유리, 도자기, 플라스틱, 종이 등 그 범위가 상당히 넓은 편이다.

하지만 이렇게 편리한 전자레인지도 조리해서는 안 되는 음식들이 있다. 가장 대표적인 것이 달걀이다.

달걀을 전자레인지에 삶게 되면 무슨 일이 일어날까?

전자레인지가 음식을 데우는 원리는 전자기파의 하나인 마이크로파에 의한 것이다. 전자레인지 내부에는 마이크로파를 만들어 내는 마그네트론과 마그네트론을 작동시키기 위한 변압기와 고압 콘덴서가 있다.

변압기와 고압 콘덴서에서 만든 4000볼트의 전류는 마그네트론에 영향을 주어 마이크로파를 발생시킨다. 마이크로파의 파장은 식재료 안에 있는 물 분자를 빠르게 진동시킨다.

이때 물 분자는 1초에 약 24억 번 진동하면서 마찰열을 발생시키고 이 마찰열에 의해 음식이 익게 되는 원리이다. 그래서 전자레인지는 수분이 포함된 음식을 익히거나 데우는 데 더 유리하게 작동한다.

달걀은 전통 방식으로 삶자.

그렇다면 왜 삶은 달걀을 전자레인지에 조리하면 위험할까? 이것 또한 물 분자를 진동시키는 전자레인지 원리에 원인이 있다.

물에 달걀을 삶게 되면 달걀의 바깥쪽에서 안쪽으로 서서히 익게 된다. 바깥쪽의 흰자는 안쪽의 노른자보다 상대적으로 수분을 빨리 잃고 굳게 되는 것이다. 따라서 삶은 달걀의 흰자와 노른자의 수분 함량이 달라지게 된다. 그런데 달걀을 물에 끓일 때는 열이 천천히 안쪽으로 전달되기 때문에 삶은 달걀이 터질 일은 없다.

그러나 달걀을 삶기 위해 전자레인지에 넣게 되면 상황은 조금 달라진다. 끓는 물로 익힐 때와는 달리, 달걀의 흰자와 노른자에 동시에 전달되는 마이크로파의 특성상 안쪽의 노른자에 비해 상대적으로 수분 함량이 적은 흰자의 수분이 급속하게 말라 굳어버린다.

순간 딱딱해진 흰자는 달걀 내부에 압력을 만들고 노른자의 수분을 가두어버리게 된다. 이에 따라 달걀 내부는 바깥에서 안쪽으로 강한 압력을 받아 마치 꽉꽉 다져진 물 폭탄과 같은 상황이 되는 것이다. 이때 외부에서 아주 작은 충격만 가해져도 노른자를 누르고 있던 흰자에 균열이 생겨 압력이 낮아지면서 내부에 눌려 있던 노른자가 폭탄이 터지듯 밖으로 분출하게 된다.

전자레인지에 달걀을 넣고 돌리면 사진과 같은 참사가 일어난다.

이건 이론만이 아니라 실제로 발생해 전자레인지에 달걀을 찌다가 폭발하여 각막을 잃거나 화상을 입는 사건을 찾아볼 수 있다. 이 사건들 중 전자레인지의 사용법을 잘 모르는 아이들에 의해 발생하는 사고가 많았다.

우리 아이들을 지키고 안전사고를 예방하기 위해서라도 관심을 가지고 전자레인지의 안전한 사용법에 대한 주의를 기울여야겠다.

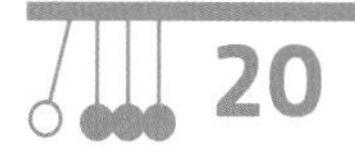

20

한 잔의 모닝커피는 상쾌한 아침을 책임진다?!

치료제도 없고 현대 의술로도 고칠 수 없다는 월요병! 직장인이라면 월요일마다 겪는 심한 난치병이다. 푹 잔 것 같은데도 월요일 아침은 유독 더 힘든 느낌이 드는 건 나 혼자만은 아닐 텐데…… 출근길에 카페에 들려 테이크아웃한 커피 한 잔으로 힘을 내보기로 결심한다.

커피.

깊고 진한 커피의 향과 카페인이 왠지 모를 활력을 끌어올려주는 것

같아 기분이 좋아지는 아침……!은 안타깝게도 우리의 착각이다.

모닝커피는 우리가 생각하는 것처럼 쳐진 기분에 활력을 주지 못한다. 오히려 우리 몸에서 자연적으로 분비되는 각성효과를 떨어뜨리고 더 심한 졸음을 불러올 수도 있다.

우리 신체는 오전 8~9시쯤이면 몸을 각성시키는 코르티솔이

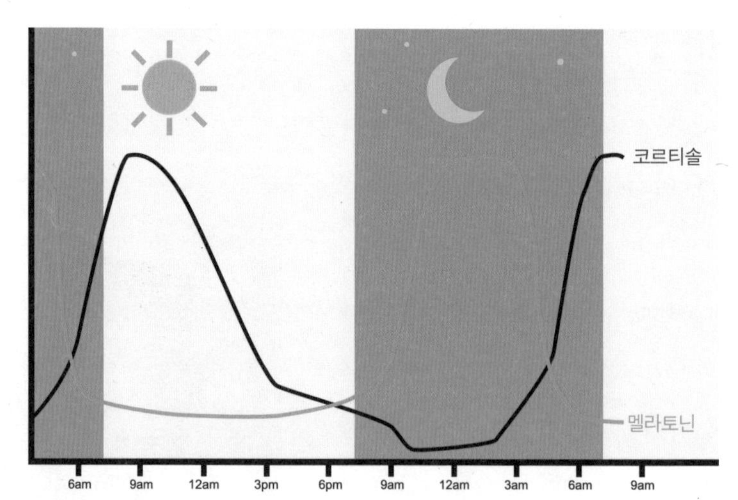

코르티솔 호르몬은 깨어 있을 때 분비되고 멜라토닌은 밤에 분비된다. 멜라토닌은 햇빛에 노출되어야 생성되어 밤에 분비되며 깊은 수면을 유도하는 호르몬이다. 불면증에 처방되는 약 성분에 멜라토닌이 들어 있다.

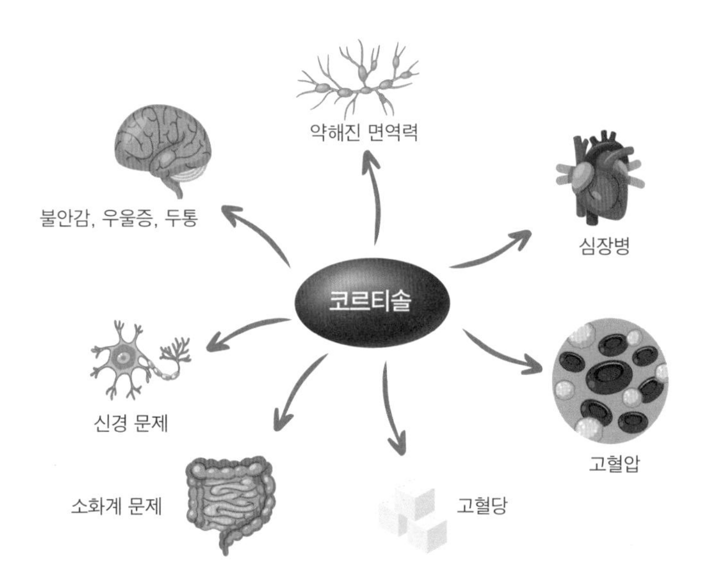

외부 스트레스의 종류. 코르티솔은 외부에서 받게 된 스트레스에 대항하기 위해 분비되는 물질이다.

분비된다. 코르티솔은 부신피질에서 생성되는 스트레스 호르몬의 일종으로 우리 몸을 각성시키고 혈압과 포도당 수치를 상승시켜 우리 몸의 에너지를 끌어 올리는 역할을 한다. 특히 스트레스에 대항하기 위해 혈액을 더 많이 방출시키고 근육의 긴장도를 높이며 맥박과 호흡을 빠르게 하는 역할을 한다. 코르티솔이 주는 적당한 긴장감과 각성은 몸에 활력을 주는데 도움이 된다.

우리 몸은 아침이 되면 자연스럽게 코르티솔을 분비해 몸을 각성시키고 활력을 찾으려 한다.

그러나 습관적인 모닝커피의 카페인은 코르티솔 분비를 억제하게 된다. 아침마다 각성을 위해 커피를 계속 마시게 되면 코르티솔에 의한 자연각성효과가 떨어지고 오히려 몸의 활력을 낮춰 졸음을 불러올 수 있다고 한다.

아침에 활력을 찾고 좋은 컨디션을 유지하려면, 모닝커피보다 과일주스를 마시는 것이 더 좋다고 한다. 특히 비타민 C와 플라보노이드 성분이 많은 오렌지류의 과일은 의식을 맑게 하고 활력을 주는데 도움이 된다.

활기찬 시작을 원한다면 커피보다는 주스가 좋다.

이처럼 우리 몸을 돕는 코르티솔이지만 과도한 스트레스에 장기간 노출되었을 경우 이야기가 달라진다. 스트레스가 과도해지면 우리 몸은 스트레스를 완화시키기 위해 코르티솔을 과다 분비하게 된다. 이렇게 과다 분비된 코르티솔은 오히려 체중 증가, 면역 기능 약화, 근조직 손상 등의 부작용을 일으킬 수 있다.

피할 수 없으면 즐기라고 했다. 호환, 마마보다 무서운 월요병! 우리 몸을 위해 커피보다는 과일주스로 이겨내 보자!

21

아침에 입 냄새가 유독 심한 이유는?

드림웍스가 제작한 애니메이션 슈렉은 못생긴 매력덩어리의 전형을 보여준다. 더러운 진흙 안에서 과감하게 구르며 입 냄새를 무기 삼아 당당히 적을 골탕 먹이는 슈렉의 모습은 정감 있고 즐겁기만 하다.

하지만 현대인에게 입 냄새는 슈렉과 같은 재미있고 정감 있는 무기가 아니다. 슈렉처럼 청결과는 거리가 멀고 두더지를 잡아먹어도 사랑스런 피오나를 아내로 맞이할 수 있는 애니메이션 세상이 아니기 때문이다.

요즘 들어 옷차림과 외모뿐만 아니라 특별히 더 신경 쓰는 청

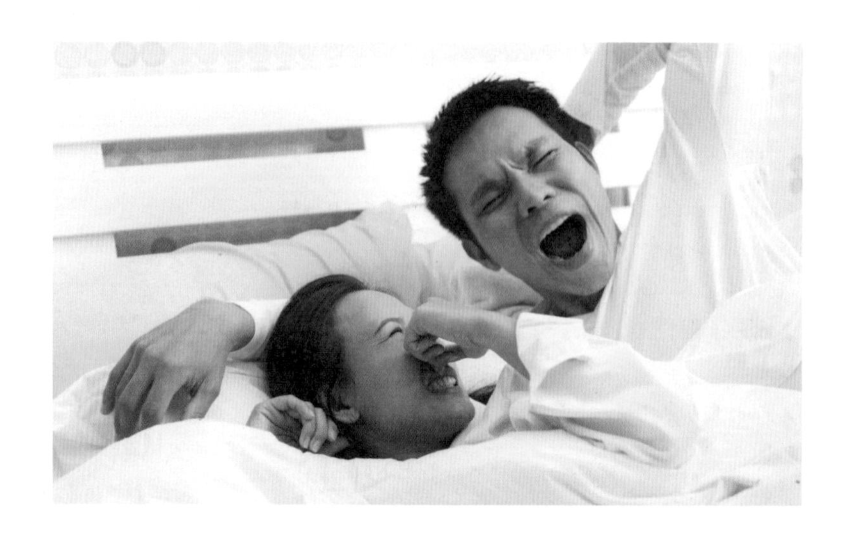

결 에티켓 중 하나는 치아관리와 입 냄새다. 다양한 가글 제품이 출시되고 인기리에 팔리는 것만 보더라도 입 냄새로 인한 불쾌감이 얼마나 심각한지 잘 알 수 있다.

다양한 가글 제품.

사람의 입 냄새는 자신보다 주위사람들에게 더 많이 느껴진다. '제 똥 구린 줄 모른다'는 속담이 딱 알맞은 상황인 것이다.

이런 현상은 자신의 후각세포가 장시간 노출된 자신의 입 냄새에 적응을 해서 더 이상 반응하지 않기 때문에 발생한다. 하지만 처음 대면한 상대방의 후각은 새로운 냄새 자극에 민감하게 반응한다. 그래서 입 냄새는 자신보다 상대방에게 더 불쾌하게 느껴질 수 있는 것이다.

그런데 스스로가 자신의 입 냄새를 강하게 느끼는 시간이 있다. 그것은 아침이다. 왜 아침에는 유독 더 심하게 입 냄새가 나는 것일까?

이유는 밤새 변화한 내 입속 상황 때문이다. 입 냄새의 원인은 다양하다. 당뇨, 위장장애, 치주질환 등 여러 가지 원인에 의해서 발생할 수 있다. 특정한 병이 있는 사람이 아니라면 대부분 입 냄새의 원인은 입속 세균에 의해 발생한다.

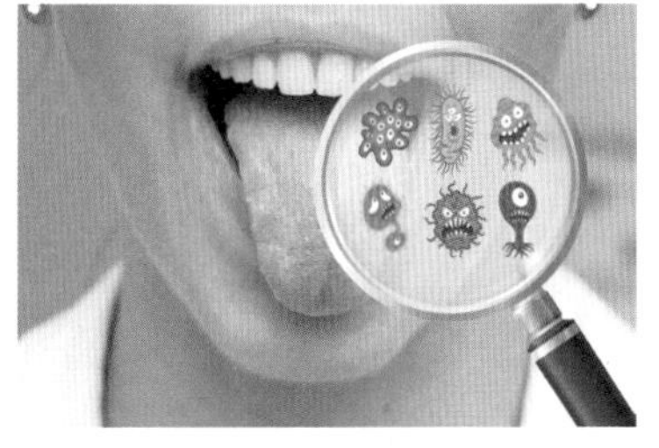

입 속 세균.

우리의 침 안에는 리소자임과 락토페린이라는 세균 증식을 억제하는 효소가 있다. 사람이 잠을 자는 동안에는 침샘분비가 약해지고 입안에 침이 마르게 되면서 세균 억제 효소들의 활동이 감소하게 된다. 이때 입 속 세균들은 혀와 치아 표면에서 빠르게 증식한다.

입속 세균은 혀와 잇몸, 치아에 남아 있는 단백질을 분해해 황화수소와 같은 휘발성 황화합물을 발생시키는데 황화수소는 달걀 썩은내가 나는 악취를 유발한다.

또 하나의 원인 중 하나는 자는 동안 침의 산도가 높아져 발생한다. 산도가 높아진 침은 잇몸에 남아 있던 음식물 찌꺼기의 단백질을 부패시키는데 이때 부패한 단백질에 의해 입 냄새가 나기도 한다.

입 냄새의 강도는 아침에 비해 침이 활발하게 돌며 세균억제 효소가 활동하는 오후가 될수록 약해진다고 한다.

나보다 상대방에게 불쾌감을 더 유발하는 입 냄새! 가장 좋은 예방은 자주 이를 닦고 관리하는 것이다. 매일 상쾌한 아침을 맞고 싶다면, 전날 꼼꼼히 이를 닦고 금연하며 과음과 과식을 피하고 충분한 숙면을 취하는 습관이 필요하다.

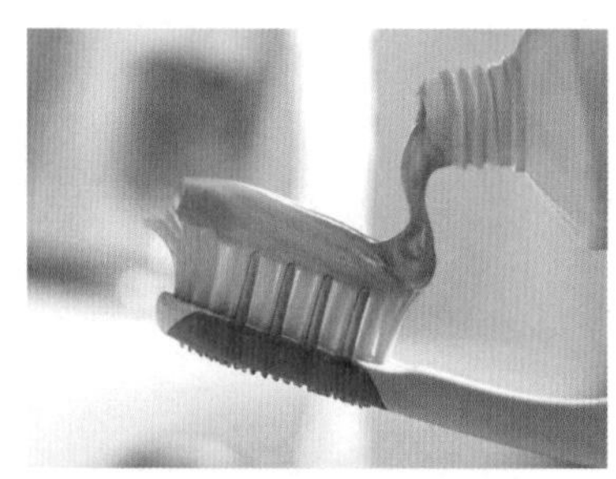

입 냄새 예방은 이를 닦고 관리하는 것이다.

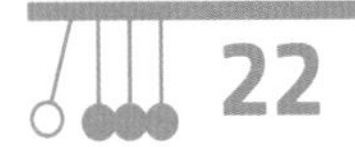

22

하늘의 구름은 왜 떨어지지 않을까?

몽글몽글, 둥실둥실, 포근포근……. 하늘을 유유히 떠다니는 구름을 보면 저절로 떠오르는 단어들이다.

상상하는 대로 의식의 흐름대로 곰돌이, 비행기, 고양이, 때론 비행접시 같아 보이는 구름의 모습이 그저 신비롭고 재미있게 느껴진다.

그러다 문득 궁금해진다. 왜 구름은 물로 이루어져 있음에도 떨어지지 않고 떠다니는 걸까.

아주 가벼운 솜털처럼 보이는 구름 안에는 수 백톤 이상의 미세한 물방울과 작은 얼음알갱이들이 모여 있다. 물방울은 점점 커져 비가 되어 내리고 얼음알갱이들은 눈이 되거나 우박이 된다.

비나 눈이 되는 물방울 입자와 구름의 입자를 딱히 구분해서 말하기는 어렵지만 약 0.02~0.08mm 정도의 아주 미세한 물방울을 구름이라고 말한다. 구름은 마치 중력의 영향을 받지 않는 것처럼 하늘을 유유자적 떠다닌다.

산에 오르면 직접 구름을 만나볼 수도 있다.

그러나 보이는 것과는 다르게 구름은 땅을 향해 떨어지고 있는 중이다. 대신 구름의 입자는 매우 작아서 아주 천천히 떨어지고 있을 뿐이다.

낙하 중인 구름 입자 또한 중력의 영향을 받는다. 이때 중력에 반하는 공기의 저항으로 마찰력이 발생한다. 이 공기 저항은 면적에 비례하고 낙하속도가 느릴 때는 낙하속도에, 낙하속도가 빠를 때는 제곱에 비례한다. 결국, 공기 저항에 의한 마찰력이 중력과 같아지면서 힘의 평형이 이루어지는데 이것을 종단속도라고 한다.

물체가 종단속도Terminal Fall Velocity에 다다르면 등속운동을 하며 일정한 낙하속도를 갖는다. 0.01mm의 구름 입자에 종단속도는 약 1cm/s 정도라고 한다. 구름 입자는 초당 약 1cm 정도의 아주 느린 속도로 떨어지고 있는 것이다.

만약 지구 대기에 아무런 일이 발생하지 않는다면 구름 입자는 그대로 지표면까지 떨어져 동화 속 구름빵이 되었을지도 모른다.

하지만 지구 대기는 끊임없이 순환한다. 아무리 바람이 불지 않는 쾌청한 날이라 해도 초속 1cm 정도의 바람은 지구의 자연스러운 대기 순환에 의해 매일 발생한다. 바람은 지상으로 낙하하는 구름을 끊임없이 밀어내고 이동시킨다.

이뿐만 아니라 지표면에서 뜨거워진 공기는 상승기류가 되어 구름을 밀어 올린다. 구름 또한 한 자리에 머물지 않고 자체 생

구름은 떠다니는 동시에 낙하 중이다.

성, 소멸되며 순환을 반복한다.

아주 천천히 낙하하는 구름, 구름을 밀어 올리는 상승기류, 기압차로 발생하는 바람, 구름의 생성과 소멸 등 구름을 하늘에 머물게 하는 이유는 아주 다양하다.

벼락이 칠 때 차 안과 밖 중 어디가 더 안전할까?

예나 지금이나 번개는 아주 두려운 기상 현상이다. 번개가 치는 날이면, 두 손으로 귀를 막고 이불 속을 파고 들었던 기억이 생생하다.

그런데 사실 번개는 우리에게 아무런 해도 입힐 수 없다. 번개는 구름과 구름 사이에서 일어나는 전기현상이기 때문이다.

하지만 벼락은 다르다. 벼락은 낙뢰라고도 하는데, 지표면으로 떨어지는 번개를 말한다. 우리는 우스갯소리로 로또에 맞을 확률과 벼락을 맞을 확률 중 어느 게 높을까? 라는 질문을 하곤 한다. 과연 확률적으로 어떤 게 높을까?

벼락 맞을 확률을 정확히 계산하기는 사실 어렵다. 과학자들은 전 세계에 낙뢰에 의한 사상자가 1,000~10,000명 정도라고 보고 있으며 60억 인구 기준으로 약 60만분의 1이라고 예상하고 있다. 하지만 이것 또한 정확한 근거가 있는 것은 아니다.

로또는 수학적으로 정확하게 계산할 수 있다. 우리가 로또에 맞을 확률은 벼락을 맞을 확률보다 더 어려운 814만 5060분의 1이다.

사실 이 둘을 단순 비교하기에는 자연현상에서 발생할 수 있는 벼락의 변수가 너무 다양해 적절하지 않지만 로또가 될 확률이 자연현상을 뛰어 넘을 만큼 운이 좋은 일이라는 것을 강조하고 싶은 표현일 것이다.

벼락 맞을 확률과 로또 맞을 확률 중 어느 것이 더 어려울까?

현재는 '벼락'을 막는 '피뢰침'이 발명되어 고층빌딩이 즐비한 도심에서도 벼락의 위험에서 매우 안전하다.

그럼에도 벼락이 언제 우리를 덮칠지 알 수 없다. 불가능할 것 같은 800만분의 1에 경쟁을 뚫고 로또 1등이 되는 사람이 있듯이 평생에 한 번 겪을지 의문스러운 벼락이 치는 순간을 맞닥뜨릴 수도 있다.

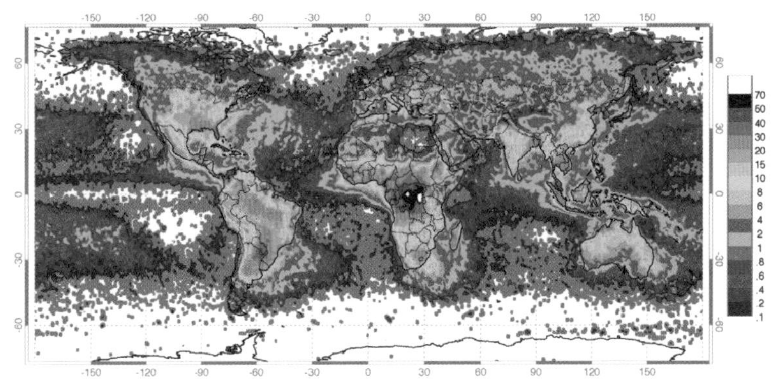

NASA에서 작성한 전 세계 번개 지도. 1995년부터 2013년 사이 km^2 당 번개 친 횟수를 집계해 제작되었으며 오렌지색이 번개가 많이 치는 지역, 보라색과 회색이 상대적으로 번개가 덜한 지역이다.

그렇다면 벼락이 칠 때 어디로 피해야 가장 안전할까?

전문가들이 말하는 안전한 장소 중 하나는 건물 안이다. 벼락이 가장 좋아하는 것은 하늘과 가까운 거리에 있는 뾰족한 물건이다.

이에 반해, 절대 머물러서는 안 되는 장소는 나무 밑이나 전봇

벼락 맞을 확률이 높은 기린.

대, 키가 큰 설치물 옆, 가로등, 첨탑 등이다. 실제 키가 큰 사람이 벼락에 맞을 확률이 더 높으며 아프리카 초원에서 벼락을 맞아 사망하는 동물 중에는 기린이 많다고 한다.

만약 등산 중이라면 서둘러 산을 내려와야 한다. 벼락이 칠 때 높은 장소는 매우 위험하기 때문이다. 또한 벼락은 금속제품을 좋아한다. 번개가 치는 날 우산을 쓰는 일은 매우 위험한 행동이다. 낙뢰 사고가 많은 곳 중 하나가 골프장이며 골프채나 낚싯대, 등산용 스틱과 같은 금속 물건들은 벼락이 가장 좋아하는 물체로 전기를 끌어들인다.

벼락이 치는 날은 사람도 예외가 아니다. 사람의 몸도 전기가 통하기 때문에 되도록 여럿이서 무리 지어 걷는 것보다 1m 이상 거리를 두고 자세를 낮추고 걷는 것이 안전하다.

전문가들이 말하는 안전한 장소 중 또 하나가 차 안이다. 자동차는 벼락에도 안전하게 설계되어 있다. 자동차의 외부는 도체이지만 차 내부는 부도체로 되어 있다. 벼락이 자동차에 떨어지게 되면 벼락은 도체인 자동차의 외관을 따라 흘러 타이어를 통해 땅으로 흡수된다.

타이어의 주성분은 고무지만 타이어의 틀을 구성하는 다양한 재료에는 금속이 포함되어 있어 전기를 땅으로 흘려보낼 수 있다.

번개가 치면 차밖보다 차안이 안전하다.

자동차 실내에서는 되도록 자동차 외벽에 닿지 않도록 앉는 게 좋으며 라디오 등 전기와 관련된 전자기기는 절대 사용해서는 안 된다.

벼락은 평소에 흔하게 접할 수 있는 기상 현상은 아니다. 하지만 여름철에 누구라도 맞닥뜨릴 수 있는 위험 요소다. 언제 일어날지 모를 안전사고를 대비하기 위해서라도 기상 현상에 대한 안전 메뉴얼에 많은 관심이 필요하다.

24

격한 운동 후 피로감을 느끼는 이유는?

초등학교 3학년 때 일이다. 가을 운동회가 열리는 날! 늦잠을 자는 바람에 서둘러 학교에 도착했을 무렵, 달리기와 콩주머니 던지기, 줄다리기 등의 과격한 운동에 참여해야 한다는 것을 깨닫자 아침식사를 거른 것이 후회가 되었다.

100m 달리기를 겨우 끝내고 콩주머니 던지기를 할 때는, 던져야 하는 콩주머니 안에 콩을 전부 꺼내어 먹고 싶을 정도로 지쳐 있었다.

그렇게 열정을 불사른 운동회가 끝나고 집으로 돌아왔을 때 온몸에 밀려오는 통증과 피로감으로 기절하듯이 쓰러져 잤던 기억이 생생하다.

이렇게 세월이 많이 흘렀는데도 그날의 기억이 사라지지 않는 이유는 아마도 그 당시 느꼈던 극심한 피로감 때문일 것이다.

왜 심한 운동 후에는 근육통과 피로감이 밀려오는 것일까? 단순히 에너지를 많이 써서라고 답하기에는 어딘지 모르게 시원하지가 않다.

그렇다면 무엇이 운동 후에 우리 몸을 아프게 하고 피곤 속으로 몰아넣는지 그 원인을 알아보도록 하자.

우리 몸을 이루는 모든 세포에는 ATP라고 하는 에너지 저장소가 있다. ATP는 호흡에 의해 생성되어 우리 몸의 에너지원으

운동.

로 사용된다. 그래서 우리에게 산소는 아주 중요하다. 우리 몸의 에너지를 생성하는 핵심 연료가 되기 때문이다.

우리 몸은 과격한 운동을 할수록 에너지원인 ATP 공급을 더 많이 필요로 하게 된다.

하지만 몸 안으로 들어오는 산소의 양보다 필요한 ATP가 더 많을 때는, 부족한 산소를 보충하기 위해 숨을 헐떡이게 된다. 산소를 더 빨리 더 많이 몸속으로 들여보내 ATP를 생성하기 위해서다.

그런데도 계속 충분한 산소가 몸으로 유입되지 않게 되면, 우리 몸은 플랜 B를 가동하기 시작한다. 그것은 산소 없이도 에너지를 만들어내는 '무산소 호흡'이다.

우리 몸에서 일어나는 무산소 호흡에는 젖산발효가 있다. 치즈나, 요구르트, 김치와 같은 식품에서 일어나는 젖산발효의 작

용이 우리 몸에서도 일어나는 것이다.

우리의 근육 안에는 포도당으로 만들어진 글리코겐glycogen이 저장되어 있다. 산소가 부족해지면 우리의 몸은 글리코겐을 이용하여 에너지원인 ATP를 얻고 피루브산으로 분해된다. 이것은 모든 생물의 세포에서 발생하는 세포호흡의 한 과정으로 '해당과정'이라고 한다.

젖산 발효 식품들.

젖산발효는 한발 더 나아가 해당과정을 통해 발생한 피루브산이 환원되어 젖산이 되는 것을 말한다.

요약하자면, 우리 몸은 APT를 생성하는데 필요한 산소가 부족해질 때, 근육 안에 있는 글리코겐을 원료로 해당과정을 통해 에너지원인 APT를 얻고 부산물로 젖산을 만들어내는 젖산발효의 과정을 거친다.

이렇게 만들어진 젖산은 근육에 축적되어 통증과 피로감을 유발한다. 이때 발생하는 통증과 피로감은 혈액을 타고 간으로 이동한 젖산이 다시 피루브산으로 전환되면서 점점 해소되기 시작한다.

결국 심한 운동으로 발생하는 통증과 피로감은 열악한 상황을

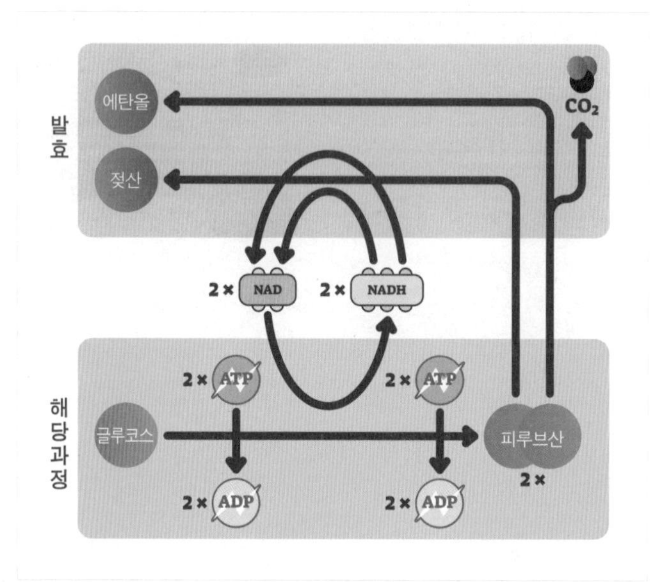

무산소 호흡(anaerobic respiration) 과정.

극복하기 위한 인체의 노력에서 비롯된 것이다. 에너지를 만들기 위해 끊임없이 방법을 찾고 작용하는 인체의 신비함에 다시 한 번 놀라게 된다.

25

헬륨가스를 마시면 목소리가 변하는 이유는?

미국의 유명 애니메이션 '네모바지 스폰지밥'의 주인공 스폰지밥은 유쾌하고 엉뚱한 매력으로 사랑 받는 캐릭터다. 특히 스폰지밥 특유의 높고 빠른 어조는 혹시 성우가 헬륨 가스를 마신 건 아닐까? 하는 의문이 들 만큼 독특하고 인상적이다.

간혹 TV 예능 프로그램을 통해 소개되는 헬륨가스는

목소리를 변조하여 웃음을 선사하는 개그맨들의 재미있는 소재거리가 되기도 한다. 비록 짧은 순간이었지만, 듬직한 남성 개그맨에게서 우스꽝스러운 높고 가늘어진 목소리가 흘러나올 때면 모두가 박장대소했던 기억이 난다.

이렇게 예상치 못한 반전 목소리를 선사하는 헬륨가스에는 어떤 비밀이 숨겨져 있는 걸까?

그 이유를 알아보자.

헬륨가스로 풍선을 부풀리고 있다.

우리의 목소리는 폐에 있는 공기가 기도를 타고 올라와 후두 중앙에 위치한 성대에 부딪혀 만들어진다. 공기와 부딪힌 성대는 진동을 하며 음파를 만든다.

이때 성대의 진동 횟수에 따라 목소리의 높고 낮음이 결정된다. 음파의 진동수는 소리의 높고 낮음과 비례한다. 진동수가 높으면 소리가 높아지고 진동수가 낮으면 소리가 낮아진다.

여성의 성대는 남성의 성대보다 가늘고 짧아 진동수가 높다. 짧고 가는 피리가 길고 두꺼운 피리보다 높은 소리를 내는 것과 같은 원리다. 그래서 여성의 목소리가 남성보다 가늘고 높은 목소리를 내게 되는 것이다. 이에 반해, 남성의 성대는 여성보다 두껍고 길어 진동수가 낮고 저음의 소리를 낼 수 있다.

우리의 목소리를 달라지게 하는 요인에는 성대의 진동만 영향을 주는 것은 아니다. 입안의 공기도 목소리를 변하게 하는 또 하나의 요인이다.

성대의 진동으로 만들어진 음파는 입안의 공기를 통해 공명하면서 목소리가 되어 나온다. 이때 입안 공기의 밀도에 따라 음파의 속도가 달라지면서 진동수가 변하게 되는데, 음파의 진동수가 달라지면 목소리도 달라진다. 공기의 밀도가 높으면 입안에서 공명되는 음파의 속도가 느려져 진동수가 낮아지고, 공기의 밀도가 낮으면 음파의 속도가 빨라져 진동수도 높아진다.

그런데 헬륨은 공기보다 훨씬 낮은 밀도를 가지고 있다. 동일한 온도 조건에서 공기의 밀도는 약 $29g/cm^3$며 헬륨의 밀도는 $4g/cm^3$이다.

우리가 헬륨가스를 마시는 순간 헬륨으로 가득 찬 입안의 공기밀도는 낮아지게 된다. 밀도가 낮아지면 음파의 속도가 빨라져 입 안에서 공명하는 소리의 진동수가 높아진다.

이런 이유로 헬륨가스를 마시면 가늘고 높은 목소리가 나게 되는 것이다. 사람에 따라 가늘고 높은 목소리를 거슬리게 생각하는 사람도 있다. 하지만 가늘고 높은 목소리는 많은 사람들에게 경쾌하고 발랄한 느낌을 주기도 한다.

그런데 헬륨가스는 인체에 무해하지만 많이 마시면 산소가 부족해져 큰 사고로 이어질 수 있다. 실제로 이런 사건들이 보고되고 있으며 2015년 3월 아사히 TV의 한 프로그램에서는 12세의 아이돌 멤버가 헬륨가스가 든 풍선을 이용한 게임 도중 의식불명에 빠졌다가 회복된 사례도 있다. 그러니 헬륨가스는 절대 과용 금지이다. 특히 어린이는 조심해야 한다.

26

집에서 불이 났을 때 소화기 대신 사용 가능한 음식 재료가 있다?

자글자글 끓어오르는 기름! 밀계빵(밀가루+달걀+빵가루) 옷을 듬뿍 입혀 기름 안으로 밀어 넣은 새우 한 마리는 곧 맛있는 소리를 내며 금새 떠올라 맛난 새우튀김으로 변신한다. 야무지게 한 마리 집어 입안에 넣는 순간, 바사삭하는 이 멋진 소리에 하루의 행복을 다 얻은 마냥 즐겁다.

이렇게 행복을 주는 튀김 요리지만 요리 과정과 그 처리는 번

거롭다. 조리방법이 너무나 까다롭고 무엇보다 화재의 위험성이 크며 남은 식용유를 처리하는 것도 일이다. 이게 말만이 아니라 실제로 가정에서 발생하는 화재 사건 중 식용유로 인한 사고가 적지 않다고 한다.

만약 튀김요리를 하다 식용유에 불이 붙는 아찔한 상황이 발생한다면 어떻게 해야 할까?

이런 위급한 상황에 대처할 수 있는 좋은 생활상식이 있다. 특히 소화기가 옆에 없거나 당황하여 소화기 생각을 미처 하지 못할 때 유용한 방법이 될 수 있을 것이다.

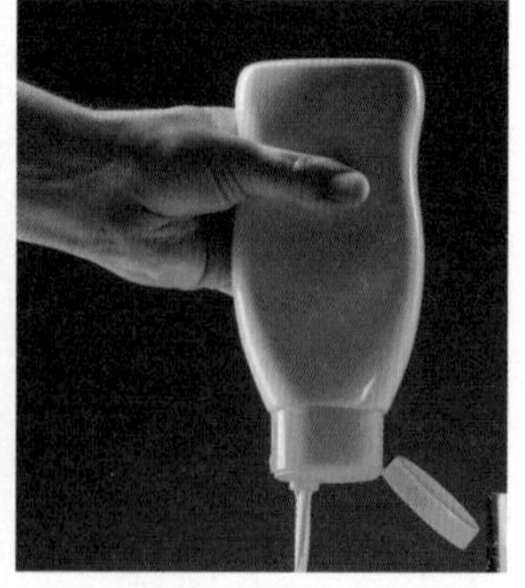

소화기가 있다면 좋지만 없다면 냉장고 속 마요네즈를 꺼내 불이 붙은 냄비 안에 부어 보자.

튀김요리를 하다 식용유에 불이 붙으면 주저 말고 냉장고로 달려가 마요네즈를 꺼내 아낌없이 기름 위에 쏟아 부어보자. 진짜 아낌없이 쏟아 부어야 한다.

마요네즈가 어떻게 기름 화재를 진압할 수 있는지에 대한 의심은 마요네즈의 구성성분을 이해하고 과학적 원리를 알면 금방 사라질 것이다.

마요네즈의 대표적인 재료는 식물성 기름, 달걀노른자, 식초 등이다. 달걀노른자와 식초를 섞어 식용유를 조금씩 떨어뜨리며 거품기로 저으면 점도 높은 고소한 마요네즈가 완성된다. 마요네즈의 완성도를 높이는 중요한 요인 중 하나는 달걀노른자다.

노른자에 포함된 레시틴Lecithin은 마요네즈 재료인 식초의 수분과 기름인 식용유를 잘 섞이게 하는 유화제 역할을 한다. 레시틴은 갓 낳은 신선한 달걀일수록 함량이 높다.

그래서 마요네즈를 만들 때는 신선한 달걀을 구입해야만 유화제인 레시틴의 작용이 더 활발해져 고소하고 부드러운 마요네즈를 만들 수 있다.

고소하고 맛있는 마요네즈를 완성하기 위한 두 번째 요인은

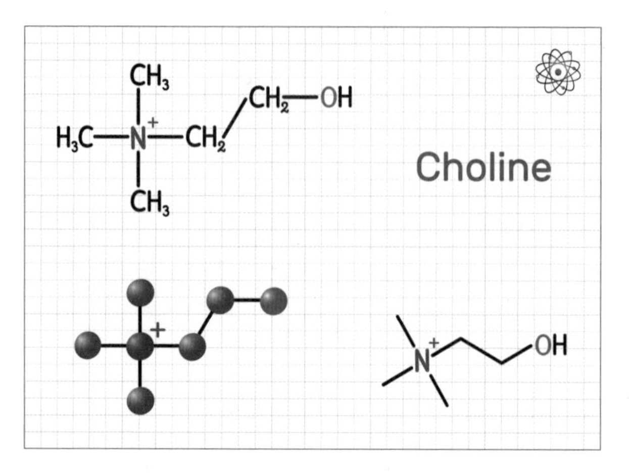

세포막 구성의 주요한 성분 중 하나인 레시틴의 구성 성분인 콜린의 화학식과 분자 구조.

식용유의 온도다. 레시틴은 온도에 민감해 식용유의 온도가 너무 높아도 너무 낮아도 유화제로서의 능력을 제대로 발휘할 수 없다. 마요네즈를 만들 때 식용유의 적정 온도는 약 16~18℃라고 한다.

마요네즈로 화재를 진압할 수 있는 원리는 레시틴의 이러한 성질을 이용한 방법이다. 끓는 식용유에 마요네즈를 넣게 되면 높은 온도로 인해 레시틴의 유화력이 사라져 버리고 노른자 단백질 성분이 분리된다.

이때 분리된 단백질 성분이 굳으면서 기름막을 형성하여 산소를 차단하게 되는 것이다.

기름에 의한 화재는 절대 물로 진압해서는 안 된다. 물과 기름은 서로 섞이지 않기 때문에 물을 만난 기름이 튀면서 불꽃이 더 커지게 되기 때문이다.

기름에 의한 화재는 산소를 차단하는 방법으로 진화를 해야 하는데 식용유로 인한 화재에서는 마요네즈가 산소를 차단해주는 역할을 하는 것이다.

그렇다고 해서 모든 화재사고에 마요네즈를 사용할 수 있는 것은 아니다. 이것은 어디까지나 위급한 상황에서 기름 화재에 사용되는 전용 소화기가 없을 때 잠깐 이용할 수 있는 생활의 팁이다.

특히 소량의 튀김 요리와 같은 조리 도중 발생한 사고에는 마요네즈가 적절한 응급처치가 될수 있으나 심각한 사고나 큰 사고에서는 용도에 맞는 소화기를 사용하는 것이 가장 안전한 방법이라는 것을 기억해야 한다.

평소 소화기가 어디에 있는지 기억해 두어야 한다.

뉴질랜드에서 지진이 일어나면 일본에도 지진이 일어난다고?

'바누아투의 법칙'이라는 말이 있다. 바누아투는 호주 남쪽에 위치한 여러 개의 섬들이 모여 이루어진 작은 나라다.

바누아투.

이 작은 나라가 알려지기 시작한 이유는 지진 때문이다. 얼마 전 뉴질랜드 앞 바다에서 진도 규모 7~8에 해당하는 지진이 발생했다. 진도 7~8에 해당하는 대규모 지진의 피해는 상상하기 어려울 정도로 무시무시하다. 건물이 무너지고 땅이 갈라질 정도의 대지진이기 때문이다.

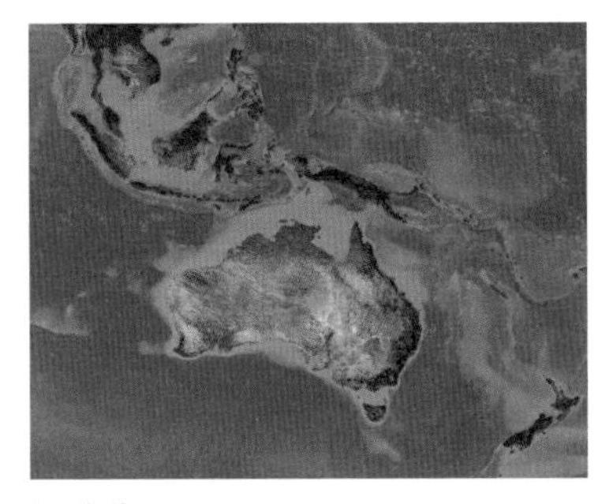
뉴질랜드.

뉴질랜드의 지진이 전 세계에 알려지면서 긴장 속에 지진 상황을 예의주시하는 나라가 생겼다. 바로 일본이다.

왜 일본은 먼 곳에 있는 뉴질랜드의 지진에 관심을 보이는 것일까?

언젠가부터 누리꾼 사이에 회자되고 있는 '바누아투의 법칙'은 지진의 전조 증상을 경험적으로 예측한 것이다.

바누아투의 법칙은 뉴질랜드-통가-바누아투-필리핀-대만-일본으로 이어지는 지진의 연속성을 말한다. 바누아투 근처 지역에서 대규모 지진이 발생하면 2~3주 뒤 일본에 대규모 지진이 온다는 내용을 담고 있다.

하지만 '바누아투의 법칙'은 과학적으로 공인된 용어는 아니다. 굳이 바누아투의 법칙을 들지 않아도 이런 현상은 아주 오래전부터 알려져 있는 과학적 사실이다.

이것은 단순히 바누아투 라인뿐만 아니라, 일명 '불의 고리Ring of Fire'로 불리는 환태평양 조산대Circum-Pacific belt에 위치한 나라들 모두에게 해당되는 일이기도 하다.

환태평양조산대는 태평양을 고리처럼 둘러싸고 있는 조산대를 말한다. 뉴질랜드 남서쪽을 시작으로 사모아, 뉴기니, 말레이시아, 인도네시아, 필리핀, 일본 열도, 캄차카 반도, 알류산 열도를 지나 북아메리카 서부와 남아메리카의 안데스 산맥에 이르는 약 40,000km에 해당하는 엄청난 길이의 지역이다.

이 지역에는 지구의 활화산 중 약 75%가 분포하고 있어 여전히 활발한 화산활동과 대규모 지진이 자주 발생하고 있다.

이런 현상은 베게너의 판구조론에 따라 지각을 이루고 있는 판과 판들이 충동하면서 벌어지는 현상이다.

환태평양대 조산대는 지각을 구성하는 판 중 하나인 태평양판과 그 경계에 대치하고 있는 판들 간의 밀고 당기는 힘겨루기에서 생성된 화산대로 현재 발생하는 대규모 지진의 대부분이 이곳에서 발생하고 있다.

바누아투의 법칙에 해당되는 지역인 뉴질랜드-통가-바누아투-필리핀-대만-일본은 해양판인 태평양판의 서쪽과 맞물려

전 세계 판구조론.

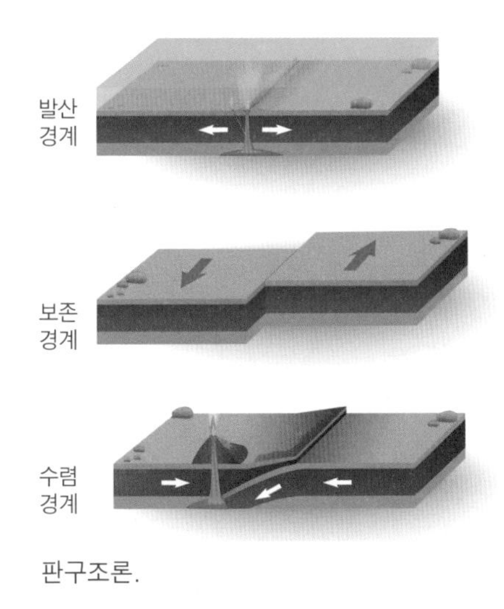

판구조론.

있는 인도-오스트레일리아판, 필리핀판, 유라시아판과의 경계 위에 위치한 나라들이다.

이곳에는 판과 판이 서로 밀고 당기는 힘에 의해 단층이 자주 발생하고 그 틈으로 마그마가 분출하여 화산활동이 자주 일어나고 있는 곳이다. 그래서 지진이 흔하게 발생하는 지역이기도 하다.

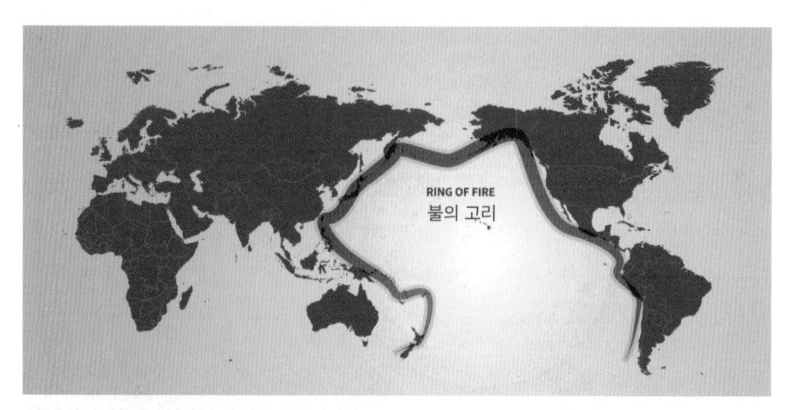

환태평양 지진대. 퍼시픽림으로도 불린다.

뉴질랜드와 일본 사이에 지진 연계성은 아직 과학적으로 정확하게 밝혀진 바는 없다. 다만, 같은 태평양판을 중심으로 판의 경계에 위치한 나라들로서 잦은 지진에 노출된 것은 사실이다.

우리가 지진을 확실하게 예견할 수만 있다면 얼마나 좋을까? 지진이 두려운 이유는 언제 어디서 어떻게 발생할지 정확히 알 수 없기 때문이다.

개미가 떼를 지어 행렬한다든지, 동물들이 서식지를 떠나는 이상 행동 등과 같은 전통적인 방법으로 지진을 예측하는 일도 있지만 안타깝게도, 완벽한 지진 예측은 과학적으로 여전히 불가능한 상황이다. 그래서 지진을 예측하여 위험에 대비하고자 하는 과학자들의 노력은 계속되고 있다.

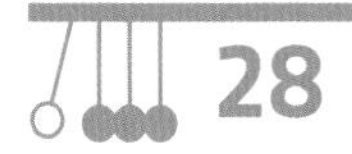

28

B형 부모에게 AB형 자녀가 나올 수 있다?

장안의 화제인 일명 '막장 드라마'에는 빠지지 않고 등장하는 단골 소재가 하나 있다. 그것은 출생의 비밀이다.

평생을 자기 자식인 줄로만 알고 살아오던 아들이 알고 보니 원수의 자식이었다든지, 배우자의 외도로 전혀 피 한 방울 섞이지 않은 다른 사람의 아들로 판명 나는 순간, 드라마는 대반전을 겪으며 격랑의 소용돌이 속에 빠져든다.

출생의 비밀을 알리는 신호탄의 소재 대부분은 혈액형이다. 부모에게서는 절대 나올 수 없는 자식의 혈액형을 알게 된 시점부터 의심과 배신감의 감정이 고조된다,

흥미로운 드라마의 극적 갈등을 고조시키며 등장하는 혈액형! 요즘은 과학이 발달하여 DNA 검사를 통한 친자 확인이라는 더욱 확실한 초강수가 등장하기도 하지만 여전히 고전적인 소재는 혈액형이다.

그렇다면 분란의 씨앗이 되는 이 혈액형은 유전법칙을 절대 벗어나지 않는 것일까?

간혹 해외 외신을 통해 O형 부모에서 절대 나올 수 없는 A형이나 B형 자식이 나오는 사례를 가끔 접한다. 이런 현상은 해외뿐만 아니라 우리나라에서도 발생하고 있는 일이다. 혈액형 또한 충실하게 멘델의 유전법칙을 따라 부모에게서 자식으로 이어진다. 이런 과정 중에 이유가 밝혀지지 않은 돌연변이가 발생하기도 한다.

2015년 우리나라에서도 B형 부모에게서 AB형을 가진 딸이 나온 첫 사례가 등장하기도 했다. 이것은 '시스-AB(cis-AB) 혈액형'이라는 국내에서는 매우 보기 드문 최초의 사건이었다.

또한 우리에게 잘 알려지지 않은 봄베이Bombay O형은 O형을 가진 부모에게서 A형, B형, 심지어 AB형이 나올 수 있다는 사실을 알려주었다.

이 특이한 혈액형도 유전적으로는 A형 또는 B형의 유전인자를 가지고 있지만 적혈구에 A형과 B형의 항원이 없어 O형으로 발현되는 것이라고 한다.

우리가 알고 있는 대표적인 혈액형은 ABO식으로 1900년 미국의 병리학자인 카를 란트슈타이너Karl Landsteiner가 발견했다.

혈액형을 구분하는 방법은 ABO식 혈액형뿐만 아니라 MN식 혈액형, Rh식혈액형 등 다양하지만 우리에게 일반적으로 널리 알려진 ABO식 혈액형은 적혈구 표면의 항원과 적혈구 안의 항체에 의해 구분된다.

A형은 표면에 A형 항원을 내부에는 항 B형 항체를 가지고 있다. 이와 마찬가지로 B형은 B형 항원과 항 A형 항체를 가지고 있다.

AB형은 A, B 항원을 모두 가지고 있고 항체는 모두 없으며 반대로 O형은 항원이 없고 항 A와 B형의 항체 모두를 가지고 있다.

부모의 혈액형 타입		A		B		AB	O
		AA	AO	BB	BO		
A	AA	A	A	AB	A, AB	A, AB	A
	AO	A	A, O	B, AB	A, B, AB, O	A, B, AB	A, O
B	BB	AB	B, AB	B	B	B, AB	B
	BO	A, AB	A, B, AB, O	B	B, O	A, B, AB	B, O
AB		A, AB	A, B, AB	B, AB	A, B, AB	A, B, AB	A, B
O		A	A, O	B	B, O	A, B	O

그래서 A형과 B형 혈액이 섞였을 때, A형이 가지고 있는 적혈구 표면의 A형 항원이 B형 적혈구 내부의 항 A형 항체에 의해 응집이 되는 현상이 발생한다. 이것은 B형 항원을 가지고 있는 B형 혈액에게도 동일하게 일어나는 현상이다.

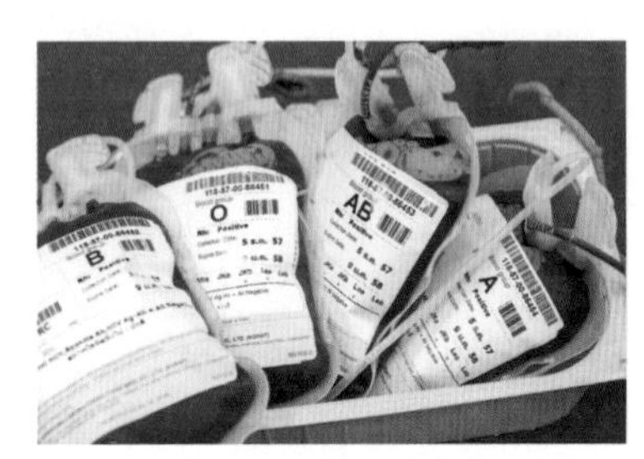

혈액형에 따라 수혈할 수 있는 피가 정해진다.

이런 원리에 의해 적혈구 내부에 A형과 B형 항체가 모두 없는 AB형은 모든 혈액형에게 수혈을 받아도 피가 응집되는 현상이 발생하지 않는다. 하지만 A와 B항원을 모두 가지고 있기 때문에 수혈을 해 줄 때는 AB형에게만 수혈이 가능하다.

이와 반대로 A와 B형의 항원이 없고 A형과 B형의 항체를 모두 가지고 있는 O형은 모든 혈액형에게 수혈을 해 주어도 혈액이 응집되는 현상이 없다. 하지만 수혈을 받을 때는 A와 B형 항체가 모두 존재하기 때문에 오로지 O형에게서만 수혈을 받아야만 한다.

란트슈타이너가 처음 혈액형을 발견하게 된 계기도 잘못된 수혈을 통해 목숨을 잃는 환자를 구할 수 있는 방법을 찾기 위해서였다.

여전히 혈액형의 비밀을 밝히는 여정은 진행 중에 있으며 아직도 우리가 모르는 인체의 비밀은 무궁무진하다.

이제 혈액형의 연구가 막장 드라마의 출생의 비밀을 파헤치는 소재 거리가 아닌 과학수사나 의학의 발전에 더 많이 활용되기를 기대한다.

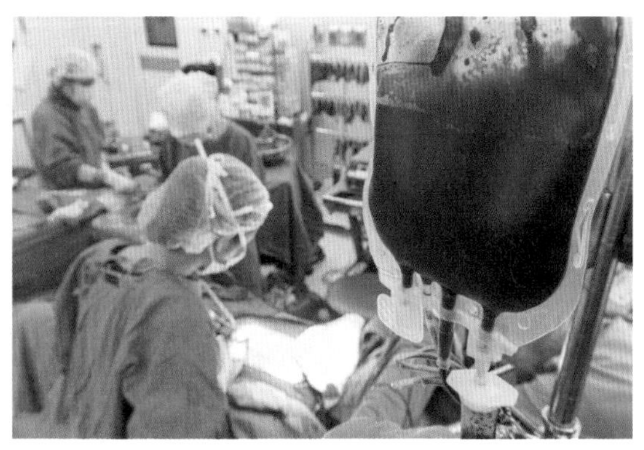

혈액형 발견은 생명을 살리는 데 매우 큰 영향을 주었다.

나무늘보는 왜 느린 걸까?

이름만 들어도 어떤 성향인지 상상이 되는 동물이 있다. 바로 나무늘보다. 나무늘보는 이름처럼 나무에 산다. 그리고 정말 늘보(행동이 느리거나 게으른 사람을 낮잡아 이르는 말)다.

디즈니 애니메이션 '주토피아'의 캐릭터 '플래시'는 동네에서 가장 빠른 나무늘보로 유명하지만, 보는 사람에게는 심장마비를 불러올 만큼 느려터진 행동으로 웃음과 인내심의 한계를 동시에 선사해주었다.

이렇게 느리고 게으르고 열정이라고는 눈곱만큼도 찾아보기 힘든 나무늘보는 과연 어떻게 생존할 수 있었을까?

천천히 움직이는 나무늘보의 모습은 누구나 다 아는 사실이지만 게으르고 열정이 없어 보이는 모습은 사실 우리의 오해에서 비롯된 것이다.

나무늘보가 천천히 느리게 움직이는 것은 생존을 위한 중요한 선택이었다. 포식자를 피해 올라간 나무에서 거의 내려오지 않고 생활하는 나무늘보의 서식지는 열대우림이다.

포유류인 나무늘보는 특성상 체온을 일정하게 유지해야 한다. 일정하게 체온을 유지하기 위해서는 많은 에너지가 필요하며 에너지를 많이 내기 위해서는 단백질을 비롯한 다양한 영양소를 충분히 섭취해야 한다.

그러나 나무 위의 삶을 선택한 나무늘보에게는 나뭇잎 외에는 다른 영양소를 섭취할 수 있는 기회가 거의 없다. 안전하지만 열악한 환경에 적응하기로 선택한 것이다. 이런 환경에 적응하기 위해서 나무늘보가 할 수 있는 최고의 방법은 에너지 소비를 최소화하는 것이다.

에너지 최소화 방법 중에 가장 효과적인 것은 움직이지 않는 것이다. 움직인다고 해도 작은 동선 안에서 되도록 천천히 움직이는 것이다.

더 흥미로운 점은 나무늘보의 체온이 변한다는 것이다. 포유류지만, 마치 파충류처럼 주변 온도에 체온을 맞춰 에너지를 최소화한다.

파충류는 주변 온도에 체온을 맞춘다.

나무늘보의 서식지가 열대우림인 이유가 여기에 있다. 열대우림지역은 일 년 내내 따뜻하며 온도 차가 크지 않아 체온 변화에 필요한 에너지 소비가 적다. 이런 이유 때문인지 나무늘보는 행동뿐만 아니라 신진대사 과정도 매우 느리다. 나무늘보의 위는 여러 개로 되어 있어, 일정한 양의 음식물을 소화 시키는 데 길게는 한 달 정도 걸린다고 한다.

느리고 게으른 캐릭터로만 비춰진 나무늘보! 알고 보면 생존을 위해 환경에 적응하며 매우 열심히 살아온 강인한 동물인 것이다.

나무늘보는 온도 차가 크지 않아 체온 변화에 필요한 에너지 소비가 적은 열대우림에서 산다.

30

아인슈타인의 노벨상 수상 이유는 상대성이론의 발견이 아니다?

최근 영화나 드라마의 소재로 뜨겁게 부각 되고 있는 것 중 하나가 시간여행이다. 시간을 거슬러 과거로 간 주인공과 반대로 과거에서 미래로 온 주인공이 펼치는 시간여행 이야기는 매우 흥미롭고 호기심을 불러일으킬 만한 소재다.

타임머신은 과연 가능할까?

이런 시간 여행물은 어디서 영감을 받게 된 걸까? 아마도 시공간에 대한 이야기를 과학적으로 풀어낸 대표적인 사람 하면 아인슈타인이 떠오를 것이다.

일반 대중에게 상대성이론이 유명해진 계기는 타임머신이라는 매력적인 상상물로부터 시작되었다. 우리가 상대성이론에 대한 물리학적 고찰은 힘들더라도 타임머신에 대한 흥미로운 상상은 얼마든지 가능하기 때문이다.

아인슈타인은 20세기 최고의 과학자이자 천재의 대명사로 최고의 인지도를 가지고 있다.

1905년 발표한 특수상대성이론은 물리학계의 엄청난 파장을 불러일으켰지만 실제로 그의 이론을 정확하게 이해하고 있었던 학자는 몇 안 되었다고 한다.

물리학을 공부한 학자들에게조차 아인슈타인의 상대성이론은 굉장히 낯설고 난해한 이론이었기 때문이다.

이후 1916년 일반상대성이론을 발표하면서 아인슈타인은 뉴턴의 역학이 지배하고 있던 고전 물리학의 근간을 완전히 뒤집어 놓으며 전 세계적인 스타가 되었다.

그러나 상대성이론은 아인슈타인을 대표하는 이론임에도 불구하고 노벨상을 수상하지 못했다.

1921년 아인슈타인에게 노벨상의 영예를 안겨준 이론은 상대성이론이 아닌 광전효과였다. 아인슈타인의 뛰어난 업적 중 하나인 광전효과Photoelectric effect는 빛의 입자성과 파동성을 모두 증명한 이론으로, 입자인 빛이 금속에 부딪혔을 때 전자가 방출되는 현상을 입증한 것이다.

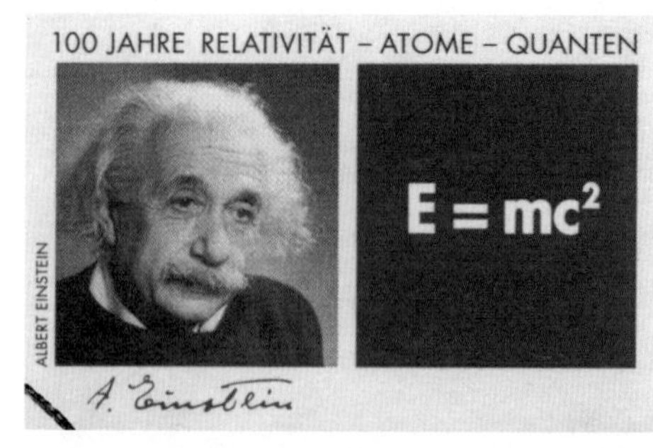

독일에서 발행된 아인슈타인 기념 우표. 아인슈타인과 세계에서 가장 유명한 공식 중 하나인 상대성이론 방정식을 보여주고 있다.

광전효과는 이후 광전지, TV, 디지털 카메라, 음주측정기 등 다양한 분야에 응용되어 우리의 삶을 발전시켰다.

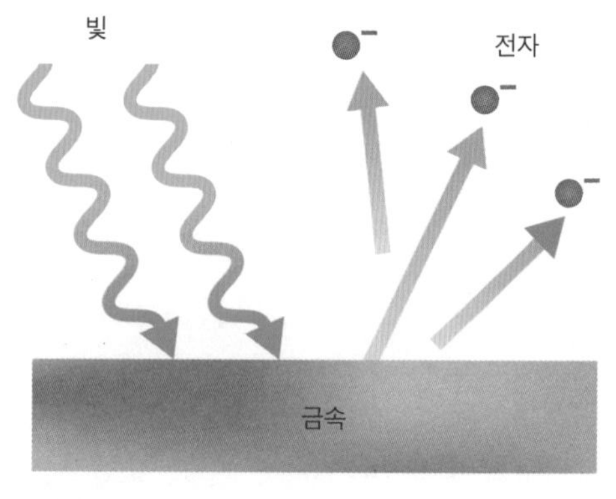

광전효과.

이론 물리학자였던 아인슈타인이 광전효과로 노벨상을 수상하였을 당시 과학계는 실험을 더 중요시하는 풍토가 강했으며 이론보다 현실 속에 반영될 수 있는 공로를 매우 높게 평가하는 분위기였다고 한다.

1922년 아인슈타인의 노벨상을 수여하는 시상연설문에서는 아인슈타인의 상대성이론을 높게 평가하면서도 철학의 한 분야인 인식론의 영역으로 철학자들의 지지를 받고 있음을 언급하고 있었다. 아인슈타인의 상대성이론은 현대 과학에 엄청난 영향을 끼친 뛰어난 이론이었음에도 불구하고 그 당시만 해도 받아들일 준비가 되지 않았던 것으로 보인다.

그럼에도 그 당시부터 아인슈타인이 물리학계에 끼친 엄청난 영향력은 인정하지 않을 수 없었다. 광전효과 또한 상대성이론만큼이나 뛰어난 논문으로 이후 양자이론을 정립하는데 매우 큰 공을 세우게 된다.

노벨상은 세계 과학자들에게 최고 영광의 상이다. 하지만 유색 인종과 여성학자에 대한 차별, 사후에는 수여하지 않는 것, 협업과 공동 작업을 했음에도 개인 3인에게만 주어지는 매우 보수적인 성향을 띠고 있다는 비판을 받고 있는 것도 사실이다.

그럼에도 전 세계 인류를 위해 큰 공헌을 한 과학자의 노력을 기리고자 하는 노벨의 뜻은 퇴색되지 않기를 바라며 지금도 보이지 않는 곳에서 노력하는 수많은 과학자들이 있음을 기억해야겠다.

31

당신이 알고 있는 과학 용어로 나이를 알 수 있다?

세상에서 제일 맛있는 요리를 해 보겠다는 목표로 칼질을 하다 손을 살짝 베인 적이 있다. 상처에는 빨간약! 빨간약을 찾아 약통을 뒤지다가 문득 드는 생각! 그런데 왜 이 약 이름은 빨간약이지? 언젠가부터 습관적으로 불러왔던 이 소독약의 이름은 왜 빨간약인 걸까.

이 약의 정식 상품명은 '포비돈요오드povidone iodine이다.'

아! 그제야 중학교 시절 과학 시간에 배웠던 요오드 용액이 떠올랐다. '빨간약이 요오드 용액이었구나!'라며 중얼거리고 있을 때, 옆에 있던 조카가 웃었다.

'고모! 촌스럽게 요오드가 뭐야! 아이오딘으로 바뀐 지가 언젠데…….'

지난 2005년, 산업자원부 기술표준원에서는 오랜 세월 사용해왔던 일본식, 독일어식 과학용어 434개(주요 원소이름 109종, 화합물 용어 325종)를 국제 표준에 맞는 영어식 표현으로 바꾸기로 발표하고 시행에 옮겼다.

과거의 과학용어는 일제강점기 시대 일본 교과서를 통해 우리나라에 전해진 것으로 독일식 발음을 일본식으로 바꾼 용어들이다. 이어 2009년에는 정식으로 교과서에 영어식 표현의 과학용어가 실리게 되었다,

시대의 변화에 따라 교육과정이 변하는 것은 당연하다. 특히, 과학용어는 국제 표준에 맞추는 작업과 한글화 작업이 꾸준히 이루어지고 있었다.

하지만 2009년 이전에 과학교육을 받은 세대는 여전히 바뀐 용어에 대한 인식이 낮은 상태다.

새로운 과학용어가 입에 붙지 않는 이유는 습관적으로 사용해오던 기존 용어에 대한 익숙함 때문이기도 하겠지만 아예 바뀐

것을 모르기 때문일 것이다.

아직까지는 시행 전, 후의 과학용어를 모두 허용하고 있다고는 하지만 새로운 과학용어가 자리를 잡아가는 것은 시간문제일 것이다.

그렇다면 바뀐 과학용어는 무엇이 있을까? 434개의 용어를 전부 알 수는 없겠지만, 우리 생활 속에서 접할 수 있는 대표적 용어 몇 가지를 알아보자.

먼저, 소독약으로 알려진 요오드는 아이오딘iodine으로, 녹말을 분해하는 소화효소인 아밀라아제는 아밀레이스amylase로 바뀌었다.

두 번째는 반도체의 재료이자 건강 효도 선물로 널리 알려진 게르마늄이 저마늄Germanium으로, 휴대용 가스에 들어가는 부탄은 뷰테인butane으로 변경되었다.

세 번째, 조리, 난방 등의 연료로 사용되며 동물에게서 배출되는 가스로 지구 온난화의 주범으로 지목되는 메탄은 메테인methane으로, 건전지에 사용되는 망간은 망가니즈manganese가 되었다.

이 밖에도 한글화 작업이 이루어진 과학용어도 있다.

대뇌와 소뇌의 중간에 위치하며 외부의 감각 신호를 뇌와 연결시켜주는 간뇌間腦, diencephalon는 '사이뇌'로, 우리 몸의 중심축으로 불리는 척추脊椎,vertebra는 '등뼈'로 바뀌었다. 또한 신장은 '콩팥'으로, 십이지장은 '샘창자'로, 포자는 '홀씨'로 변경되었다.

언어는 개인과 사회의 합의로 널리 사용되어야만 생명력을 가지게 된다. 과거에 사용되어 왔던 과학용어가 우리보다 150년 이상 앞서 현대 과학의 토대를 일군 유럽과 미국으로부터 시작된 것이라면 미래의 과학용어는 한국어로 된 과학용어가 국제 표준으로 사용될 수 있는 그날을 꿈꿔 본다.

바뀐 화학 용어	
예전 용어	바뀐 용어
요오드	아이오딘
아밀라아제	아밀레이스
게르마늄	저마늄
부탄	뷰테인
메탄	메테인
망간	망가니즈

바뀐 생물학 용어	
예전 용어	바뀐 용어
척추	등뼈
간뇌	사이뇌
신장	콩팥
십이지장	샘창자
포자	홀씨

예전의 용어도 같이 쓸 수 있다.

*출처-서울시 교육청

2005년 산업자원부 기술표준원은 일본어식, 독일어식으로 써온 주요 원소 이름 109종과 화합물 용어 325종의 과학 용어 434개를 국제 기준에 맞게 바꾸었다. 그리고 2013년에는 독어식 화학원소 이름이 영어식으로 바뀌었다. 그중 우리가 일상생활에서 주로 사용하는 과학용어 몇 가지만 표로 정리했다.

32

우유로 플라스틱을 만들 수 있다?

다양한 유제품들.

영양 만점의 완전식품 우유는 아이스크림, 과자, 빵 등 다양한 식재료로 사용되고 있다. 그런 우유로 플라스틱을 만든다면 어떨까? 전혀 상상이 안 된다.

현재 우리는 플라스틱 시대라고 해도 과언이 아닐 정도로 플라스틱 홍수 속에서 살고 있다. 현대 화학에 있어 최고의 발명품인 플라스틱은 우리 생활을 혁명적으로 변화시켰고 전기 없이 살 수 없듯이 이제 플라스틱 없는 삶은 상상할 수조차 없다.

플라스틱은 열과 압력으로 모양을 쉽게 변화시킬 수 있는 고분자 화합물을 통칭하는 말이다. 플라스틱을 만드는 재료는 매우 다양하며 성능과 강도에 따라 쓰임새 또한 다르다.

원하는 모양으로 성형이 쉽고 값이 저렴해서 활용 분야는 무궁무진하지만 잘 썩지 않아 환경오염의 원인이 되기도 한다.

우리가 흔하게 주변에서 접할 수 있는 대표적인 플라스틱 재료로는 플라스틱 용기나 가방, 포장지, 스티로폼, 컵, 장난감 등을 만드는 폴리에틸렌pe, 폴리프로필렌pp, 폴리스티렌ps 등이 있다.

우리는 일상생활에 다양한 형태의 플라스틱 제품들을 쓰고 있다.

이뿐만 아니라 미래의 플라스틱은 전기가 통하고 매우 고강도이며 불에도 타지 않는 신소재 플라스틱이 개발되면서 우주항공, 전기, 전자, 자동차 산업 등 특수한 산업에까지 영향력이 넓어질 것으로 예상 되고 있다.

그런데 이런 플라스틱의 재료로 우유도 사용 가능하다고 하니 그 원리가 매우 궁금하다.

이제부터 우유로 어떻게 플라스틱을 만들며 과학적 원리는 무엇인지 알아보자.

우유 데우기.

살짝 데운 우유에 식초 한 스푼 정도를 넣으면 몽글몽글한 덩어리가 생기기 시작한다. 이것을 체에 걸러 덩어리를 뭉쳐 반죽을 한 뒤 원하는 모양을 만들어 그늘에 말리면 플라스틱 제품이 된다.

생각보다 쉬운 방법을 통해 우유 플라스틱을 만들 수 있다. 시간이 지나면 우유 덩어리는 점점 더 굳어 딱딱해진다.

우유가 딱딱한 플라스틱으로 변화할 수 있는 원리는 무엇일까? 그것은 우유 성분의 약 80% 정도를 차지하는 카제인 때문이다.

카제인casein은 우유를 구성하는 인단백질이다. 식품뿐만 아니라 의약, 공업용 접착제, 제지도포, 페인트 등의 산업용으로도 사용될 만큼 활용도가 높다고 한다.

카제인은 산과 열에 약해서 식초를 넣거나 데우면 금방 굳는 성질을 가지고 있다. 카제인이 다른 단백질과 다른 점은 산과 반응하여 강한 접착력을 갖는 특성이 있다. 카제인의 이런 특성 때문에 단단한 플라스틱으로 만들거나 공업용 접착제로 가공할 수 있는 것이다.

과거에는 단추와 같은 제품을 우유 플라스틱으로 만들기도 했다고 한다. 그러나 더 이상 우유 플라스틱 제품을 만들지 않는 이유는 너무 비싸기 때문이다.

요즘은 더 저렴하고 기능성이 뛰어난 폴리에틸렌과 같은 재료가 있어 상대적으로 가격이 비싼 우유 플라스틱은 효율적이지 않다.

플라스틱은 양날의 검과 같다. 우리의 생활을 편리하게 해 주는 동시에 쓰면 쓸수록 환경을 파괴하는 주범이 되기 때문이다.

앞으로 인류에게 남은 숙제는 플라스틱의 활용도만큼이나 늘어나고 있는 환경오염을 어떻게 줄여 나갈 수 있을지에 대한 현명한 대책을 찾는 것이다.

33

마징가 Z와 아이언맨이 싸우면 누가 이길까?

어느 날 갑자기 지구를 구할 수 있는 슈퍼히어로의 힘을 얻게 된다면 무엇을 하고 싶은가? 어린 시절, 빨간 보자기 하나 둘러매면 무조건 슈퍼맨이 될 것 같은 기분에 신이 난 적이 있었다.

하지만 태생부터 강력한 힘을 가지고 태어난 슈퍼맨은 연약한 신체를 가진 지구인인 우리에게 있어 도달 불가능한 캐릭터였다.

그런 우리에게도 슈퍼맨이 될 수 있는 기회가 찾아왔다. 2008년 마블 엔터프라이즈의 영화 아이언맨에서는 입는 순간 슈퍼히어로가 될 수 있는 아이언맨 슈트가 소개된다. 몸에 장착하면 보통사람들도 슈퍼맨 버금가는 강력한 힘을 갖게 해주는 아이언맨 슈트는 많은 사람들에게 환상이 아닌 실제 구현 가능할지도 모를 슈퍼히어로의 꿈을 선사하며 로망이 되었다.

서양에 아이언맨이 있다면, 동양에는 '마징가Z'가 있다.

1972년 세계 최초 탑승형 거대로봇 캐릭터인 마징가Z는 일본에서 방송된 TV 애니메이션으로 40~50대 세대들에게는 어린 시절을 함께한 추억의 만화영화이다.

몸에 옷처럼 장착하는 웨어러블 스타일의 아이언맨 슈트와는 달리, 마징가Z는 머리에 있는 조종실에 주인공이 직접 탑승해 강력한 힘을 지닌 마징가Z를 마음대로 조종할 수 있는 시스템이다.

아이언맨과 마징가Z는 아이들의 상상력을 자극하였을 뿐만 아니라 미래 산업인 웨어러블 로봇과 휴머노이드 로봇(인간 모습

웨어러블 로봇.

휴머노이드 로봇.

의 로봇)을 연구하는데 모델이 될 만큼 많은 과학자와 개발자들의 주목을 받았다. 영화와 애니메이션의 상상력이 기술 개발의 견인차가 되는 사례라고 할 수 있다.

만약 아이언맨과 마징가Z가 서로 싸운다면 과연 누가 이길까? 호랑이와 사자의 빅매치를 기대하는 어린아이의 엉뚱한 상상 같겠지만 한 번쯤은 이런 호기심에 빠져보는 것도 즐거운 일일 듯싶다.

먼저 이 대결의 승부에 앞서, 아이언맨과 마징가Z의 양쪽 전력을 알아보자.

아이언맨은 말 그대로 아이언iron, 철을 의미하는 '철의 사나이'다.

철은 원자번호 26번의 지구 핵을 구성하는 주요성분이다. 자연 상태의 순수한 철인 순철pure iron은 오히려 알루미늄보다 물러서 모양을 다양하게 만들기는 좋으나 강도가 낮아 생활용품으로 사용하기는 어렵다.

철을 포함한 광석

그래서 순철의 강도를 높이기 위해 이물질을 혼합하는데 그 대표적인 성분이 탄소다.

철은 탄소의 함량에 따라 순철pure iron, 강철steel, 주철cast iron로 나눌 수가 있다. 순철의 탄소 함량은 0.02% 이하이며 강철은 0.02% 이상, 주철은 2.2~6.5%가 들어 있다

강철은 가볍고 튼튼해서 쉽게 부서지지 않아 자동차, 배, 건물 등 우리 생활에서 가장 많이 사용하고 있는 철이다. 하지만 강철은 쉽게 녹이 슨다는 단점이 있다. 모든 철은 강해 보여도 물이 닿거나 산소에 노출되는 것에 가장 취약하다.

이런 취약점을 개선하기 위해 철에 불순물을 섞어 좀 더 강하고 가벼우면서도 녹이 잘 슬지 않은 철을 만들기 위해 합금을 한다.

합금이란 약한 순철에 불순물을 첨가하는 것으로 금속에 다른 원소를 넣어 철의 성질을 향상시키는 것을 말한다.

우리 주변에서 흔하게 볼 수 있는 합금 제품으로는 강철에 크롬 니켈을 섞어 녹을 방지한 스테인리스강stainless steel이 있다. 우리가 흔히 '스뎅'이라고 부르는 튼튼하고 녹슬지 않는 냉면기, 쟁반, 프라이팬, 냄비 등과 같은 주방용품과 가전 생활용품에

스테인리스강 제품.

많이 사용되고 있는 제품이다.

주철은 탄소 함량이 가장 높은 철로 대표적인 제품으로 우리가 알고 있는 무쇠솥이 있다. 순철에 탄소를 많이 넣을수록 강도는 매우 높아진다. 그래서 아주 강한 철을 얻기 위해 탄소를 많이 첨가하면 어떻게 될까? 넘치면 모자란 것만 못하다는 말이 여기에 속한다. 철의 강도가 너무 단단하면 가공이 어려우며 작은 충격에도 금방 깨지기 쉬운 단점이 발생하기 때문이다.

무쇠솥.

이렇게 다양한 특성을 가진 철 중 과연 아이언맨과 마징가Z를 만든 주재료는 무엇일까? 아이언맨 슈트와 마징가Z를 만든 재료의 속성을 알면 어느 쪽이 승부에 더 유리하게 될지 알 수 있게 된다.

마징가Z가 무엇으로 만들어졌는지는 어릴 때 자주 흥얼거리던 오프닝송에 잘 나와 있다.

'무쇠 팔~ 무쇠 다리~ 로케트 주먹!'

마징가Z의 재료는 무쇠! 즉 강도가 가장 높은 주철이다.

아이언맨의 아이언iron은 단어 뜻만으로는 순철을 가리키지만 과연 주인공 토니 스타크가 이렇게 강도가 낮은 순철을 이용해 슈트를 만들었을까? 영화에서 엄청난 포화를 뚫고 멀쩡히 살아남는 것을 보면 무른 순철로 슈트를 만들었다고 보기에는 어렵다.

영화 속에 등장하는 아이언맨의 슈트는 티타늄과 금을 넣은 합금이라고 소개한다. 티타늄 합금titanium alloys으로 만든 아이언맨 슈트는 강철만큼 강하면서도 무게는 매우 가볍고 녹도 슬지 않아 항공기나 우주선, 군사장비, 스포츠 장비, 인공관절 등에 사용되는 특수강special steel이다.

아이어맨의 슈트.

이에 비해 마징가Z의 무쇠는 강도가 높아 단단하기는 하지만 작은 충격에도 깨지기 쉬우며 녹에도 취약하고 무거워 상대적으로 움직이는 것도 굼뜨다.

이 두 슈퍼히어로의 승부를 단순 비교하기는 어렵지만, 일단 만들어진 재료에서는 아이언맨의 슈트가 훨씬 앞선 과학기술에 의해 만들어진 신소재인 것은 분명해 보인다.

인간의 역사는 철을 이용하게 되면서 비약적으로 발전해왔다. 그리고 철의 진화를 이끌어온 인류의 과학기술은 이제 현실의 아이언맨과 마징가Z의 탄생을 향해 달려가고 있다.

종이처럼 가벼운 철, 유연성이 있으면서도 강도 높은 철, 극한의 온도에서도 견디는 철! 아이언맨과 마징가Z의 승부만큼이나 새로운 신소재가 우리의 삶을 얼마만큼 변화시킬지 그것이 더 기대되는 미래다.

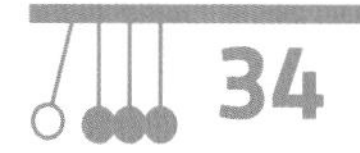

34

아이스아메리카 속 얼음과 북극의 얼음 중 어떤 얼음이 더 빨리 녹을까?

아이스아메리카노.

작열하는 햇살 아래 몸도 마음도 축 쳐진 여름 한낮! 시원한 커피로 더위를 시킬 생각에 기분 좋게 냉장고 문을 열고 좀 더 시원하게 마시려고 넣어두었던 아이스아메리카노를 꺼내는 순간! 얼음이 모두 녹아버린 아아(아이스아메리카노 준말)를 발견했다.

얼음 없는 아아는 앙금 없는 찐빵! 물 없는 호수. 얼음이 가득한 아아를 포기하고 아껴 먹으려던 팥빙수를 냉동실에서 꺼

냈다.

입안 한가득 팥빙수의 얼음과 팥앙금을 넣자마자, 온몸이 북극에 온 것처럼 시원해졌다.

한여름 땡볕에 북극에 가면 이런 기분일까. 기분 좋은 차가움을 느끼며 갑자기 궁금해졌다. 북극의 빙산은 쉽게 녹지 않고 오랜 시간 물 위에 떠 있다. 물 위에 떠 있는 빙산은 왜 아이스 아메리카노의 얼음과 다르게 빨리 녹지 않고 오랜 시간에 걸쳐 천천히 녹는 것일까?

단순히 북극은 엄청나게 추워서라고 생각할 수도 있겠지만, 북극에도 봄과 여름이 있다는 것을 생각하면 설득력 있어 보이

북극의 빙산은 물속에 있음에도 오랜 시간에 걸쳐 천천히 녹는다.

지는 않는다. 북극의 여름은 약 영상 10도 정도로 냉장고의 평균 온도인 2~3도보다 높기 때문이다.

왜 북극의 빙산과 아이스아메리카노의 얼음은 녹는 속도가 다른 것일까?

지금부터 빙산에 숨어 있는 과학적 원리를 살펴보자.

냉장고의 냉장실 평균온도는 약 2~3도에 맞춰져 있다. 따라서 카페에서 가져온 아이스아메리카노를 냉장고에 넣었다면 컵과 커피는 냉장고 내부의 온도와 같아져 약 2~3℃가 된다.

하지만 아이스커피 안에 있는 얼음은 0℃다. 열역학 제2법칙에 따라 상대적으로 온도가 높은 아이스커피의 열은 얼음으로 이동하게 된다. 그리고 시간이 지남에 따라 얼음은 커피와 같은 액체가 되면서 열적 평형을 이룬다.

이때 열은 온도가 높은 커피에서 얼음으로만 이동을 하며 절대 온도가 낮은 얼음에서 커피로 열이 이동하여 커피의 온도가 더 올라가는 일은 발생하지 않는다.

이것을 엔트로피의 법칙이라고 한다. 엔트로피의 법칙에 의하면 커피에서 얼음으로 전도되는 열은 얼음의 표면을 통해 전달되는 데 얼음과 커피의 접촉면이 크면 클수록 전도되는 열에너지의 양은 증가한다.

결론적으로 얼음과 커피 사이에서 열에너지는 온도 차가 나는

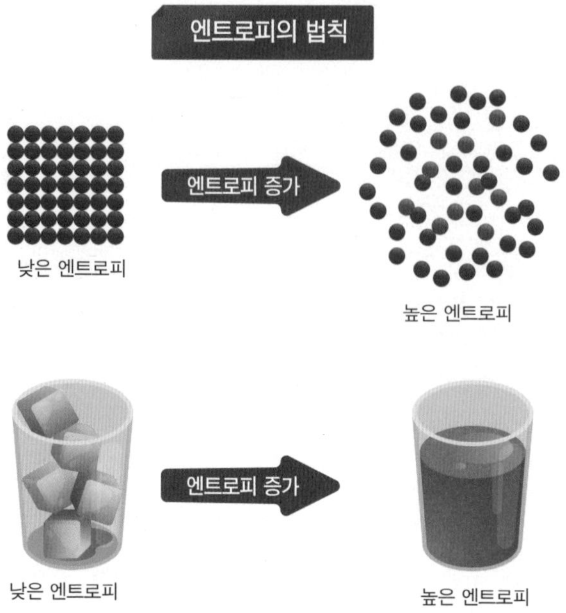

엔트로피의 법칙

엔트로피 증가
낮은 엔트로피
높은 엔트로피

엔트로피 증가
낮은 엔트로피
높은 엔트로피

커피에서 얼음으로 이동하며 얼음과 커피의 접촉면이 크면 클수록 더 빠르게 전도된다. 이와 같은 원리를 아이스커피의 얼음과 북극의 빙산에 대입해 생각해보자.

한 변의 길이가 가로, 세로 각각 2cm인 정육면체 얼음 4개가 있다. 이 얼음 4개를 커피에 넣었다면, 얼음 4개가 커피와 접촉하는 총면적은 다음과 같다.

1 얼음 4개의 총면적 계산 방법

얼음 한 개가 커피와 접촉하는 총면적=

$2cm \times 2cm$(얼음 한 면의 넓이)$\times 6$(면의 개수)$= 24cm^2$

$24cm^2 \times 4$개$= 96cm^2$

커피와 접촉하는 얼음 4개의 총면적은 $96cm^2$이다.

그러나 이 얼음 4개를 다음 그림과 같이 일렬로 붙여서 하나의 얼음 상태로 만들었다고 가정해보자. 이때 얼음의 질량과 부피는 변하지 않는다.

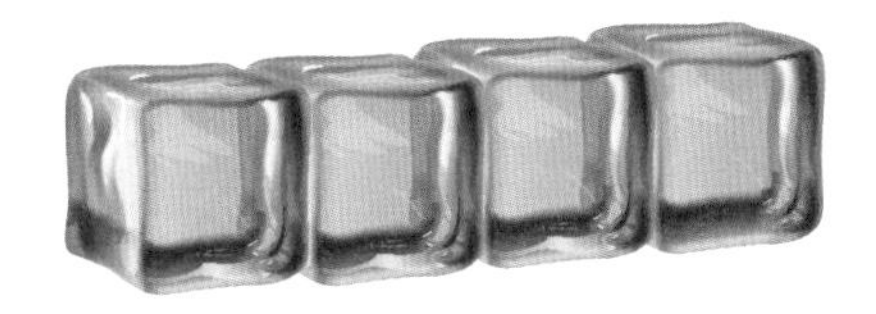

얼음을 각각 따로 놓았을 때와 다르게 뭉쳐 놓은 얼음은 커피와 닿는 접촉면의 크기에 변화가 생긴다. 이것을 계산하면 다음과 같다.

2 뭉쳐 놓은 얼음의 총면적 계산 방법(2개)

$(2cm \times 2cm) \times 2$개
(얼음 윗면과 아랫면의 넓이)

$+ (2cm \times 8cm) \times 4$개$= 8cm^2 + 64cm^2 = 72cm^2$(뭉쳐 놓은 얼음의 접촉면 전체의 넓이)
(얼음 옆면의 넓이)

1번과 2번의 계산에 따라 커피와 닿는 얼음 접촉면 넓이의 변화는 96cm^{2}에서 72cm^{2}로 줄어들게 된다.

결론적으로 같은 부피와 질량을 가진 얼음인 경우, 여러 개로 나뉘어 있을 때보다 한 개로 뭉쳐 있을 때 더 천천히 녹는다는 것을 알 수 있다.

이 원리는 얼음이 조각조각 나누어진 것보다 하나로 뭉쳐 있을 때 표면적이 더 작아지게 되고 얼음의 표면적이 작아지면 물과 접촉하는 접촉면 또한 작아져 물에서 전도되는 열에너지의 양도 줄어들게 된다.

이와 같은 원리에 의해서, 두껍고 엄청난 크기를 가진 빙산일수록 같은 부피와 질량을 가진 조각난 얼음 덩어리가 바다 위에 떠 있는 것보다 바닷물로부터 전도되는 열에너지의 양이 적어 더 천천히 녹게 되는 것이다.

숨이 턱턱 막히게 뜨거운 여름! 좀 더 시원한 아이스아메리카노를 더 빨리 마시고 싶다면 부피가 큰 얼음 한 덩어리를 넣는 것보다 조각이 작은 얼음 수십 개를 넣어보자.

여름에는 시원한 아이스아메리카노로 잠시 더위를 식혀보자.

그래야 얼음과 커피의 접촉면을 넓게 만들어 얼음으로 전도되는 열에너지의 양을 증가시킬 수 있다. 그 결과 커피가 빠르게 열에너지를 잃게 되어 더 빠른 시간에 더 시원한 커피를 마실 수 있게 될 것이다.

만약 천천히 오랜 시간 아이스아메리카노를 차갑게 즐기고 싶다면 크기가 큰 얼음 한 덩어리를 넣어보자. 제법 긴 시간에 걸쳐 오래도록 녹지 않는 얼음을 보며 향긋한 커피의 시원함을 오래도록 느껴볼 수 있을 것이다.

나무도 친구를 사귄다

'어려울 때 친구가 진짜 친구다'라는 속담이 있다. 평생 마음을 나눌 친구 한 명을 얻는다면 성공한 인생이라 할 정도로 진정한 친구는 그 어떤 보물보다 소중하다.

이렇게 소중한 친구를 만들고 서로 도와가는 관계는 사람만이 아니라는 매우 흥미로운 발견을 한 사람이 있다. 캐나다의 삼림학자 수잔시마드[suzannesimard]가 바로 그 주인공이다.

어느 날 수잔은 실험실에 심은 두 그루의 소나무 묘목 사이에서 신기한 현상을 발견한다.

두 소나무가 서로에게 탄소를 전송해주고 있었던 것이다. 수잔은 이런 신기한 일이 삼림에서도 발생할 것으로 생각하고 연구를 시작했다.

나무들도 서로 돕고 있다.

수잔이 관심을 가졌던 분야는 나무들 간의 소통 메커니즘이었다. 나무들이 정말로 서로 소통하는 관계인가? 그렇다면 어떻게 소통하는가?와 같은 문제들은 수잔에게 매우 흥미로운 주제였다.

그래서 그녀가 선택한 방법이 자기방사법Autoradiography이다. 자기방사법은 방사성동위원소에서 방출되는 방사선을 추적하여 방사성 물질의 분포와 세기를 측정하는 연구방법이다.

수잔은 캐나다 숲속에 전나무와 자작나무, 삼나무 묘목 80그루를 심고 묘목에 비닐봉지를 씌운 다음 추적용 동위원소인 이산화탄소를 봉지 안에 주입했다.

전나무.

삼나무.

자작나무.

자작나무에는 탄소14 방사성 가스를, 삼나무에는 안정동위원소 탄소13을 주입해 탄소의 흐름과 쌍방향 소통을 알아보고자 했다.

결과는 놀랄만했다. 자작나무가 전나무에게 탄소를 보내준 사실을 발견한 것이다. 수잔은 방사선을 측정하는 가이거 계수기를 자작나무와 전나무에 씌우고 있던 봉지에 넣어 탄소14를 측정하는데 성공했다. 또한 전나무가 한참 성장하는 시기에는 상대적으로 영양이 모자란 자작나무에게 거꾸로 탄소를 보내주는 것을 관찰할 수 있었다. 이 실험으로 전나무와 자작나무가 서로 양분을 공유하며 힘들 때 돕고 격려하는 관계에 있다는 것을 알게 된 것이다.

그런데 흥미로운 것은 이것만이 아니었다. 삼나무는 자작나무와 전나무에게 탄소를 공유하지 않았던 것이다. 이것은 마치 전나무와 자작나무와는 친한 친구 관계지만 삼나무와는 경쟁하는 관계와 같았다. 이를 통해 나무들 사이에서도 친구와 친구가 아닌 관계가 있다는 것을 알게 되었다.

이뿐만 아니라 친구가 아닌 나무의 가지를 만나면 자신의 가지를 강하게 만들어 침범 못하게 방어하며 자신의 가지가 친구나무의 가지와 만나면 해를 주지 않기 위해 다른 방향으로 가지를 뻗거나 열매를 맺는 현상도 관찰할 수 있었다.

수잔은 이러한 현상을 통해 숲이 하나의 유기체처럼 서로 연결된 지능이라는 것을 이해하게 되었다. 이 모든 과정들은 나무의 뿌리를 통해 이루어졌다.

수잔은 나무들이 자신의 뿌리를 통해 인간의 인터넷과 같은 지하통신망을 구축하고 서로에게 필요한 양분과 질소, 인, 호르몬, 물 등을 공유한다는 것을 알아낸 것이다.

그렇다면, 나무와 나무 간의 영양분 공유는 어떤 과정을 통해 이루어질까?

수잔의 실험에서도 보았듯이 나무는 이산화탄소를 흡수하여 영양분인 포도당을 합성한다. 이렇게 합성한 포도당은 나무뿌리를 통해 주변 나무와 공유가 되는데 이때 큰 역할을 하는 것이 바로 균근이다.

균근 이미지.

균근은 균의 뿌리를 말하는 것으로, 식물의 뿌리 세포 내부나 외부에 증식하면서 식물의 뿌리로부터 탄수화물을 공급받고 토양에 있는 물과 무기양분을 제공하며 나무와 공생관계에 있는 곰팡이를 말한다. 균근은 나무뿌리뿐만 아니라 흙 속에도 널리 퍼져 있어 나무와 나무를 연결하는 인터넷 통신

망 같은 역할을 한다.

균근의 줄기에서는 가는 실과 같은 균사체mycelium가 나오는데, 이 균사체가 바로 나무들을 연결해주는 인터넷 연결망의 실체다.

우리가 산에서 보는 버섯은 균근의 생식기관이며 균사체는 균근의 줄기에서 실처럼 뻗어 나온 균사 덩어리다.

이 균사체가 숲을 연결하며 나무뿌리와 만나 영양을 공유하고 나무의 해충을 방어하는 일도 한다.

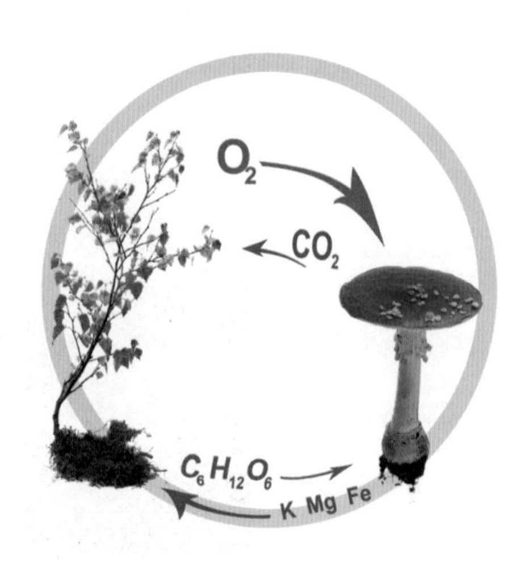

광대버섯과 자작나무 사이의 공생관계를 나타내고 있다.

상상해보자. 어느 날 친구가 영양분이 부족해 잘 자라지 못하고 힘이 없는 것을 발견한 자작나무는 탄소를 이용해 열심히 만든 영양분을 자신의 뿌리로 보내어 균근에게 전달하며 이렇게 말한다.

'전나무 친구에게 전달해줘! 전나무가 많이 힘든 것 같아서 내가 도와줘야 할 것 같아!'

자작나무의 뿌리로부터 영양분을 전달받은 균근은 온 숲에 퍼져 있는 자신의 균사체를 통해 전나무에게 영양분 선물을 배송한다.

이와 같은 발견을 통해 서로 돕고 사는 것은 인간만의 전유물이 아니라 동식물계에도 해당됨을 알 수 있다.

36

개미가 코끼리만해지면 어떤 일이 발생할까?

1726년 영국의 풍자 작가인 J. 스위프트의 소설 《걸리버 여행기Gulliver's Travels》에는 인간보다 12배가 큰 거인이 살고 있는 '거인국Brobdignag'이라는 나라가 등장한다.

조너던 스위프트와 그의 저서 《걸리버 여행기》 속표지.

걸리버 눈에 비친 거인국의 거인들은 이상하다 못해 혐오스러웠다. 걸리버가 거인의 몸을 혐오스럽게 느낀 이유는 보통 크기의 사람들에게 발견할 수 없

〈거인국에 간 걸리버〉. 찰스 로버트 레슬리(Charles Robert Leslie) 작품.

는 피부의 작은 점이나 구멍들, 종양, 심지어는 몸에 붙은 거대한 이가 피를 빠는 모습까지, 마치 현미경으로 들여다보듯 관찰할 수 있었기 때문이다. 이것은 거인에 비해 아주 작은 걸리버만이 볼 수 있는 세계였다.

'거인국'에서 미인이라고 하는 궁중 여인들조차도 걸리버에게는 피부에 나 있는 커다란 주근깨와 다양한 피부 색깔이 너무나 크게 보여 전혀 미인처럼 느껴지지 않았다.

작가인 스위프트는 걸리버 여행기를 통해 18세기 영국 사회를 비판하고자 했다. 특히 소인국과 거인국을 통해 인간의 존엄성과 가치는 절대적인 것이 아닌 상대적 개념임을 말해주고 있다.

어떤 관점과 시각으로 사물을 보는가에 따라 그 모습은 천사처럼 아름다울 수도 악마처럼 추악할 수도 있다는 것이다.

만약 우리 주변을 둘러싸고 있는 사물이 거인국의 거인들처럼 엄청난 크기로 커진다면 어떤 기분이 들까?

걸리버처럼 몇십 배, 몇백 배 확대되어 보이는 사물들의 실체에 혐오감을 느끼게 될까? 아니면 그동안 발견할 수 없었던 장점을 알게 되어 감동하게 될까?

이 상상을 개미에게 적용시켜보기로 했다. 만약 개미가 코끼

리만큼 커진다면 어떤 일이 벌어질까? 코끼리만큼 거대해진 개미의 모습을 상상하니 오히려 개미의 생태에 대해서 더 잘 알게 되지 않을까?

개미는 우리나라에만 약 120여 종이 살고 있다고 한다. 하지만 아직 정확한 개미 종류 목록이나온 것은 아니다. 개미는 머리, 가슴, 배로 구성되어 있으며 가운데 허리는 비정상적으로 잘록하고 가늘다. 만약 이 개미가 코끼리만 하게 커진다면 어떤 일이 발생하게 될까?

개미를 코끼리만큼 키우기 전에 길이와 넓이와 부피와의 관계를 알아보자. 개미를 코끼리만큼 크게 만든다는 것은 길이와 면적과 부피를 키우는 것이기 때문이다.

개미는 그 종류에 따라 크기가 다르다. 작은 뿔개미는 약 1mm이며 불독개미는 약 20~25mm에 해당한다고 하니 개미 사이에서도 크기 차이가 엄청나다.

이처럼 개미의 크기는 천차만별이지만 여기에서는 개미 중 가장 큰 개미인 불독개미를 선택해 25mm의 몸길이와 약 25mg의 몸무게를 가진 가상의 개미를 코끼리만큼 키워보자.

코끼리는 크게 아시아 코끼리와 아프리카 코끼리로 나뉘는데 아프리카 코끼리가 최대 몸길이 약 6.4~7.5m, 몸무게 5.4~6.4t으로 조금 더 큰 편이라고 한다.

가상의 개미와 비교해볼 코끼리는 아프리카 코끼리 대신 아시아 코끼리를 선택해봤다. 이 아시아 코끼리는 몸길이 약 6m, 몸무게 약 5t이다.

개미의 몸길이와 코끼리 몸길이의 비를 계산해보면 25 : 6,000(mm)=1 : 240이다. 6m의 몸길이를 가진 코끼리는 개미의 약 240배 길이를 가지고 있는 것이다.

지금부터 개미의 몸길이를 240배 키워보자. 이때 개미의 몸무게는 어떻게 될까?

몸무게는 질량을 알면 구할 수 있다.

240배 커진 개미와 커지기 전의 개미는 크기만 커졌기 때문에 밀도는 같다. 이렇게 밀도가 같으면 질량은 부피와 비례하게 된다.

개미의 부피는 길이의 비로 추측할 수 있다. 한 변의 길이가 1cm인 면의 면적은 $1cm^2$이며 부피는 $1cm^3$가 된다. 길이 : 면적 : 부피의 비는 L(길이) : L^2 : L^3가 된다.

개미의 길이가 240배 커졌으니 개미의 부피는 $240cm^3$가 된다. 이것을 계산하면 $13,824,000cm^3$다. 개미의 길이가 240배 커지면 부피는 약 1,380만 배 커지게 되는 것이다.

앞에서 우리는 개미의 무게를 임의로 25mg으로 잡았다. 이것을 계산하면 코끼리만 해진 개미의 몸무게는 다음과 같다.

$$25mg \times 13,824,000 = 345,600,000mg = 345.6kg$$

위의 계산에서도 알 수 있듯이 코끼리만큼 커진 개미의 몸무게는 345.6kg이다. 개미의 크기가 코끼리와 같아졌는데도 몸무게는 겨우 5,000kg의 약 1/14밖에 되지 않는다.

같은 크기이지만 상대적으로 무게가 매우 가벼운 개미는 코끼리보다 더 빠르고 쉽게 달릴 수 있을까?

평소 개미는 자신의 몸무게의 약 40배 정도의 무게를 들어 올리는 것으로 유명하다. 개미가 코끼리만 해져도 여전히 40배의 무게를 들 수 있을까?

개미가 자신보다 몇 배나 큰 나뭇잎을 들고 가고 있다.

안타깝게도 코끼리만큼 커진 개미는 이론적으로 제자리에 서 있는 것조차 힘들다. 일단 약 1,380만 배 늘어난 몸무게를 감당할 만한 다리 힘이 없다.

코끼리는 5~7t에 해당하는 자신의 몸무게를 견딜 수 있도록 통나무와 같이 튼튼하고 두꺼운 다리를 가졌다. 무게는 과학적으로 질량×중력가속도와 같다. 코끼리는 질량이 크기 때문에 그에 상응하는 중력가속도의 영향을 크게 받는다.

중력의 크기는 질량이 클수록 거리가 가까울수록 더 강해진다. 코끼리의 다리가 두꺼운 이유는 어마어마한 자신의 질량에 더해지는 중력의 힘을 견뎌내야 하기 때문이다.

하지만 개미의 몸 구조는 근육이라고는 찾아볼 수 없는 가는 다리와 허리를 가지고 있다. 이것은 초소형인 개미일 때는 크게 문제가 되지 않는다. 개미의 질량은 너무나 작아 중력의 영향을 크게 받지 않기 때문이다.

그러나 약 1,380만 배로 늘어난 몸무게를 견뎌야 할 때는 사정이 다르다. 일단 어마어마하게 늘어난 질량에 비례해서 중력의 크기도 커진다. 이 중력을 견디기 위해서는 다리 근육의 단면적이 비약적으로 커져야 한다.

또한 개미의 가는 허리에도 문제가 발생할 수 있다. 과도하게 늘어난 몸무게로 인해 버티지 못하고 부러질 가능성이 높다.

코끼리만 해진 개미가 제자리에서 일어나 걷기 위해서는 지금보다 더 두껍고 튼튼한 다리와 허리를 가져야 한다. 그렇게 된다면, 아마도 개미의 모습은 더 이상 우리가 알고 있는 개미가 아닐지도 모른다.

두 번째, 개미가 코끼리만큼 커졌을 때, 움직일 수 없는 이유는 외골격의 몸 구조 때문이다. 개미는 곤충으로 외골격 구조의 뼈대를 가지고 있다. 외골격 구조는 몸의 크기가 커질수록 불리하다.

근육의 힘은 단면당 근육량을 몸의 크기로 나눈 값이다.

$$힘 = \frac{단면당\ 근육량(넓이)}{몸의\ 크기(부피)}$$

위의 식에서 볼 수 있듯이 같은 근육의 단면 근육량을 가졌더라도 몸의 크기가 커지면 커질수록 힘의 크기는 작아진다.

그래서 외골격은 내골격에 비해 근육이 많은 신체 구조임에도 몸의 크기에 한계가 발생한다.

잘 생각해보자, 지구상의 초대형 동물 중에는 개미를 비롯한 곤충들과 같은 외골격 구조를 가지고 있는 동물은 찾아보기 힘들다.

딱딱한 외피는 적으로부터 자신을 보호해주는 좋은 방어막이 되기도 하지만 몸이 성장하는데 있어서는 매우 불편하다. 외골격은 탈피를 통해서 성장하는데 탈피를 할 때마다 적에게 노출되기 쉬우며 탈피 과정 또한 굉장한 체력이 소모되기 때문에 천적의 표적이 될 수 있기 때문이다.

이렇게 힘든 과정을 통해 몸집을 성장시킬 수 있는 데는 한계가 있다. 또한 외골격의 뼈대는 충격을 받아 파괴되면 회복이 매우 힘들거나 더디다. 생존경쟁이 치열한 자연에서 상처의 회복이 느린 것은 죽음이나 마찬가지다.

그래서 외골격을 가진 동물들은 상대적으로 크게 성장하기보다 작은 몸을 유지하는 쪽으로 진화해 왔다. 그쪽이 훨씬 유리하기 때문이다.

코끼리는 코끼리의 크기에 알맞게, 개미는 개미의 크기에 알맞게 성장한 것은 자연의 조화로운 선택이 아니었을까?

일개미를 코끼리만큼 키워서 짐꾼으로 쓰면 매우 효율적일 거란 상상도 해봤던 입장에서 이 계산 후에 개미가 살아갈 수 없게 될 거란 사실 또는 살아남기 위해서는 지금의 개미와는 전혀 다른 모습이 될 것이란 것을 알게 되었다. 개미와 관련된 책들을 읽으며 수많은 쓸 만한 일꾼을 얻을 수 있을 것이란 바람을 거두고 이제는 개미를 코끼리만 하게 코끼리를 개미만 하게 만드는 일은 절대 일어나지 않았으면 하는 마음을 갖게 되었다.

37

시속 1,667km/h의 속도로 돌고 있는 지구의 자전을 우리는 왜 느끼지 못할까?

한가롭게 떠가는 구름을 보고 있으면 지구의 대기가 끊임없이 움직이고 있다는 것을 실감한다. 저녁이 되면 동쪽에서 하나둘씩 떠오르는 달과 별들의 일주운동 또한 우주가 살아 움직이고 있다는 것을 느끼게 해준다.

이 모든 자연과 우주는 관심 가져주지 않아도 알아서 잘 돌아가고 있구나 생각하니 그저 신비롭기만 하다.

그러다 문득, 내가 지구라는 거대한 우주선을 타고 우주를 여행하고 있는 기분이 들어 잠시 엉뚱한 상상에 잠겼다.

왜 나는 지구에 살면서도 지구의 자전을 느끼지 못하는 것일까? 내가 본 구름과 태양과 별들 모두 지구의 공전과 자전에 의해 움직임을 알 수 있는데 정작 나는 지구의 자전을 느끼지 못한다는 게 너무 신기했다.

지구의 자전을 느끼지 못해서 인생의 대부분을 두통 속에 살지 않아도 되니 얼마나 다행인가 싶다가도 쓸데없는 호기심이 몽글몽글 피어오르는 건 막을 수 없을 것 같다.

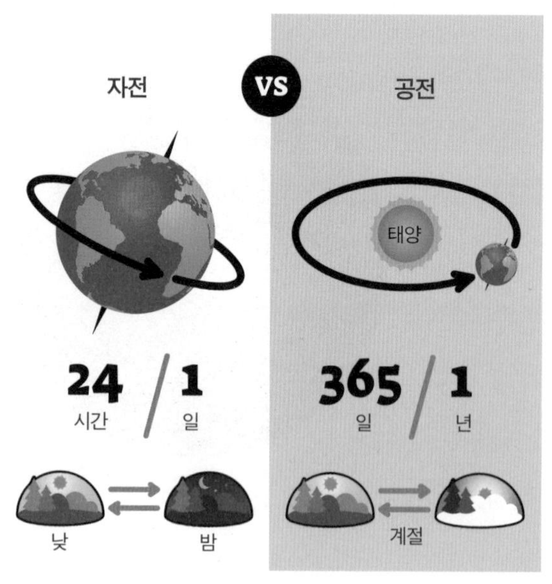

지구의 자전과 공전주기.

지구는 하루에 한 바퀴 자전을 한다. 지구 자전 속도는 자그마치 약 1,667km/h(시속)이다. 이것은 소리의 속도인 약 1,244km(시속)보다 빠르다. 우리는 음속보다 빠른 비행기를 타고 매일 지구 한 바퀴를 돌고 있는 셈이다.

지구의 자전속도는 지구의 적도를 중심으로 계산한 값이다. 지구의 극지방으로 갈수록 자전하는 거리가 짧아지다 보니 고위도로 올라갈수록 상대적으로 속력은 조금씩 느려진다.

이렇게 빠른 속도로 지구가 자전을 하고 있는데도 우리가 속력을 못 느끼는 이유는 지구의 자전속도에 맞춰 대기와 자연물이 모두 함께 움직이기 때문이다.

예를 들어 자동차를 타고 시속 100km로 움직이고 있다고 했을 때, 주변에 있는 가로수나 거리의 사람들, 건물들은 멈춰 있거나 자동차보다 천천히 움직인다. 그래서 상대적으로 내가 움직이고 있다는 것을 느끼게 되고 뇌가 느끼는 움직임과 실제 몸이 느끼는 속력이 일치하지 않을 때 울렁증과 멀미를 느끼게 된다. 하지만 지구 위에 있는 모든 동식물과 자연물, 대기 등은 같은 속력으로 움직이고 있어 상대적인 속도를 느끼지 못하게 되는 것이다.

지구가 자전하고 있다는 것을 느끼고 싶다면 한번쯤 하늘을 보길 바란다. 하루하루 삶에 지쳐 생활이 고단하다 느낄 때면,

밤하늘의 별과 달을 보면서 잠시 지구와 우주의 멋진 운행에 경이로움을 느껴보았으면 한다.

밤하늘을 보며 잠시 그 광활함을 느껴보자.

38

날개 없는 선풍기는 어떻게 작동할까?

새롭고 신기한 발명품을 알아가는 재미는 즐거운 놀이를 찾아낸 어린아이마냥 흥분되는 일이다. 우연히 대형마트 가전코너에서 구멍이 뻥 뚫린 이상한 물건 하나를 발견하고는 과연 저것은 무엇에 쓰는 물건일까를 한참 고민하며 주위를 서성인 적이 있다.

너무 궁금해 마트 직원에게 물건의 용도를 확인하고 새삼 세상의 천재들에게 경의를 표했다.

선풍기! 구멍만 휑하니 뚫려 있는 저 동그란 물체가 선풍기라니……! 어릴 때부터 보아오던 날개 3개는 어디다 두고……! 날

날개 없는 선풍기.

일반 선풍기.

개 잃은 천사는 들어봤어도 날개 잃은 선풍기는 처음 들었던 그 날! 도대체 어떤 원리로 시원한 바람을 일으킬 수 있는지 호기심이 생겼다.

2009년 영국의 다이슨Dyson사는 기존 선풍기의 관념을 완전히 뒤집어 놓은 날개 없는 선풍기를 출시했다. 같은 해 타임지에 선정될 만큼 혁신적인 아이디어로 주목 받은 선풍기의 이름은 에어멀티플레이어Air Multiplie', 이름처럼 공기를 증폭시켜주는 기계다.

선풍기의 이름 속에 이미 제작 원리를 담고 있는 에어멀티플레이어는 비행기의 엔진과 날개에서 아이디어를 빌려왔다.

에어멀티플레이어의 구조는 하단의 네모난 받침대와 동그란 원형 고리 모양의 상단 증폭기로 구성되어 있다. 하단의 받침대 안에는 모터와 프로펠러가 있어 비행기 엔진처럼 주변의 공기를 빨아들인다.

2019년에 발표된 다양한 형태의 다이슨 에어플레이어 선풍기 모델들.

원형 모터가 빨아들인 공기는 상단의 원형 증폭기 안으로 들어가 약 88km의 속도로 회전하게 된다. 이렇게 증폭기 안을 회전하던 공기는 미세한 구멍을 통해 밖으로 빠져나오게 된다.

비행기 엔진.

원형 증폭기의 디자인은 회전하던 공기가 빠져나오는 안쪽은 둥글게 바깥쪽은 평평하게 제작되어 있다.

증폭기의 안과 밖의 모양을 다르게 디자인한 이유는 공기 흐름의 속도를 다르게 하여 기압 차를 발생시키기 위해서다. 이것은 양력을 발생시키기 위해 위아래의 디자인을 다르게 한 비행기 날개와 같은 원리로 베르누이의 법칙을 이용한 사례라 할 수 있다.

베르누이 법칙은 유체(공기나 물처럼 흐르는 기체나 액체)가 좁은

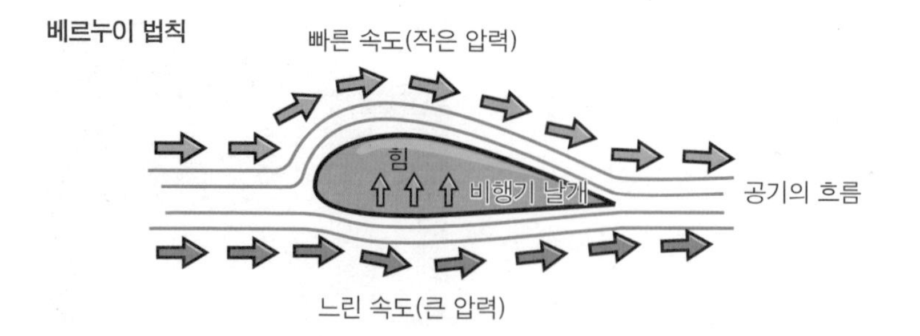

비행기의 날개와 엔진.

곳을 통과할 때는 속력이 빨라져 압력이 감소하고 넓은 곳을 흐르면 속력이 느려져 압력이 증가한다는 법칙이다.

증폭기 안의 미세구멍을 빠르게 통과한 공기는 압력이 낮아진다. 그리고 밖으로 배출되자마자 또다시 둥근 곡선의 면을 따라 흐르면서 속력이 더 빨라지고 증폭기 바깥쪽을 따라 흐르는 공기의 흐름보다 안쪽의 공기 압력이 훨씬 더 낮아지게 된다. 결국 에어멀티플레이어의 증폭기 안쪽은 저기압이 형성되고 원형 고리 바깥쪽은 고기압이 된다

고기압에서 저기압으로 흐르는 공기의 성질에 따라 원형 고리의 바깥쪽의 고기압의 공기는 저기압인 원형 증폭기 안쪽으로 빠르게 이동하게 된다. 이때 공기의 흐름은 하단 모터에 빨려 들어온 공기보다 약 15배 증폭되게 된다.

이런 과학적 장치들에 의해 날개가 없어도 엄청난 바람을 일으킬 수 있게 되는 것이다.

날개가 있는 선풍기의 역사는 생각보다 아주 오래됐다. 1882년 최초로 전기 선풍기가 발견된 이래로 자그마치 137년간 선풍기의 작동구조와 원리에는 변함이 없었다.

어쩌면 오랜 세월 변화가 없었다는 것은 개선이 필요 없을 만큼 완성도가 높다는 이야기일 수도 있다.

하지만 기존의 생각을 바꾸고 새로운 혁신을 꿈꾸는 일은 흐르는 강물처럼 멈추면 안 될 우리 인류가 끊임없이 추구해 나가야 할 방향이다.

39

태아가 아빠의 유전자를 많이 닮으면 입덧이 더 심하다?

새 생명을 잉태하는 일은 인생 최고의 축복이다. 40주의 힘든 임신과정을 지나 출산을 마친 산모는 이 세상에서 가장 아름답고 위대한 일을 한 사람이라고 해도 과언이 아니다.

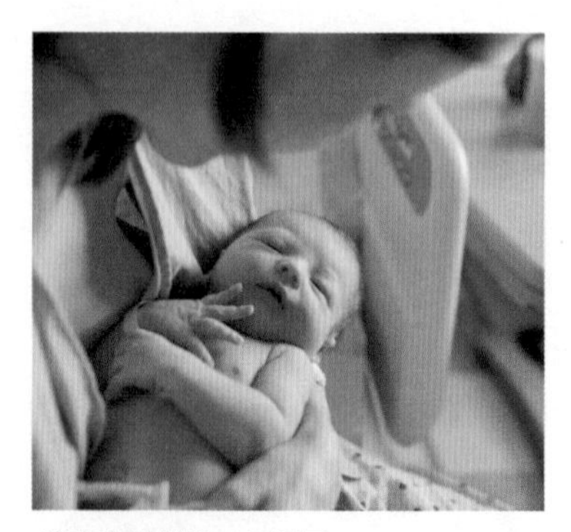

생명의 탄생은 소중하다.

하지만 임신 중에 발생하는 입덧은 임신이라는 기나긴 여정 속에서 넘지 않으면 안 될 고난 이다.

입덧은 거의 느끼지 않고 지나가는 사람이 있는가 하면, 헛구역질, 메스꺼움, 두통, 발열, 소화장애 등을 경험하거나 심하면 입원 치료를 받아야 할 정도로 사람에 따라 다양한 증상을 나타낸다.

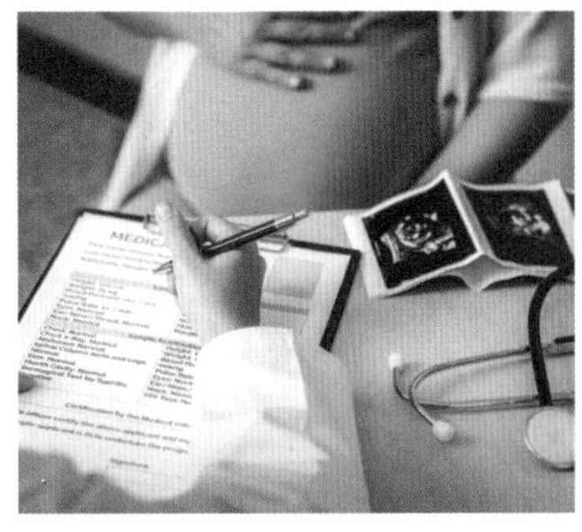

사람에 따라 임신으로 나타나는 반응은 다양하다.

그렇다면 입덧을 하는 이유는 무엇일까? 왜 사람마다 입덧의 증상이 천차만별인 것일까?

입덧의 원인에 대해 과학적으로 밝혀진 확실한 이론은 아직 없다고 한다.

그러나 전문가들이 제시하는 가설들은 특정 호르몬과 여성 호르몬의 자극, 심리적 성향, 진화를 통한 적응, 질병, 유전적 영향 등 매우 다양한 관점에서 논의되고 있다.

그중 가장 많은 연구가 이루어지고 있는 것으로 여성 호르몬과 HCG(사람융모생식샘자극Human Chorionic Gonadotropin)호르몬이라고 한다.

HCG 호르몬은 임신 기간 중 태반의 영양막을 구성하는 세포에서 가장 많이 분비되는 호르몬이다. 입덧의 초기, 최고조, 안정기에 따라 HCG 호르몬 농도의 변화 시기가 일치하기 때문에 입덧의 원인으로 주목받고 있다고 한다.

하지만 입덧의 원인이 호르몬의 농도 때문이라는 이론 또한 아직은 확실하게 증명된 것이 아니라 가설 중 하나일 뿐이다.

영국 리버풀 대학의 크레이그 로버츠 박사는 입덧이 인류의 진화적 과정에서 발생한 태아를 보호하기 위한 임산부 신체의 방어 프로그램이라는 가설을 제시했다. 로버츠 박사는 임산부가 특정 음식에 거부반응을 보이는 이유가 음식에 들어 있는 독소로부터 태아를 보호하기 위한 장치라고 설명한다.

이밖에도 입덧은 유전이라는 설과 헬리코박터균 감염이나 면역, 내분비계 등의 병리학적 원인에 의해 발생한다는 가설도 있다.

이렇게 입덧에 대한 뚜렷한 과학적 이론이 입증되지 못하자 임신과 입덧, 출산에 대한 사람들 간에 떠도는 많은 속설이 생기기 시작했다.

'임신 3개월 전에 입덧이 심하면 딸을 낳는다'라든가, '입덧이 심할수록 유전적으로 아버지를 많이 닮는다'와 같은 속설이다.

이런 속설들은 말이 안 된다고 치부해버릴 수도 있으나

오히려 적지 않은 전문가들은 그냥 무시하고 지나쳐 버리기에는 나름 과학적 근거가 있다고 말하고 있다.

'임신 3개월 전에 입덧이 심하면 딸을 낳는다'는 연구결과에 의한 가설이라고 하는 게 맞을 것이다.

스웨덴의 카롤린스카 의대연구소는 남아에 비해 호르몬 분비가 많은 여아들의 특징 때문에 임산부의 입덧이 더 심해질 가능성이 있다고 발표했다. 실제 딸을 임신한 임산부에게서 생식샘 자극 호르몬Gonadotropin이라는 호르몬이 더 많이 분비돼 입덧이 심하다는 주장이었다.

생식샘 자극 호르몬.

생식샘 자극 호르몬은 난소와 고환의 생식선을 자극하여 성호르몬을 분비시키는 호르몬의 총칭으로 뇌하수체 전엽에서 분비된다.

두 번째, '입덧이 심할수록 유전적으로 아버지를 많이 닮는다'는 속설은 임산부의 신체 반응에 대한 이야기다.

한국의 세계 태아학회상임이사 김창규 원장은 태아의 유전자가 엄마와 다른 아빠의 유전적 정보를 더 많이 가지고 있다면 엄마의 신체는 아이를 이물질로 인식하여 거부반응을 보인다는 의견을 제안했다. 이런 거부반응은 임산부에게 다양한 형태로 발현되어 엄마와 같은 유전적 정보를 가진 태아를 임신했을 때보다 상대적으로 입덧이 더 심해질 수 있다는 의견이다.

아주 오래전부터 임신과 출산에 대한 수많은 속설이 전해져 왔다. 성별, 기형아 예방, 태교, 임산부의 건강 등, 과학적 근거를 가지고 증명되지는 않았지만 이 모든 속설들은 건강하고 예쁜 아이를 순산하고자 하는 우리 모두의 염원과 소망을 담은 마음일 것이다.

이 세상의 위대한 엄마들을 위해 조금이라도 입덧을 해결할 수 있는 원인 규명과 좋은 치료제가 나와주길 바란다.

40

달걀에 찍혀 있는 알파벳과 숫자는 무엇을 말할까?

값싸고 저렴한 완전식품 하면 뭐니뭐니 해도 '달걀'이 떠오른다. 오랜 세월 서민들의 영양 간식으로 맛과 영양이 풍부한 달걀은 남녀노소를 불문하고 모두에게 사랑받는 식품이다.

달걀흰자는 흰자 영양소의 55%에 해당하는 오브알부민ovalbumin을 비롯한 콘알부민conalbumin, 오보뮤코이드ovomucoid, 글로불린globulin, 오보뮤신

ovomucin, 아비딘avidin 등의 단백질로 구성되어 있다.

노른자위에는 리포비텔린lipovitellin과 리포비텔레닌lipovitellenin이라는 2종의 영양소와 항산화작용을 하는 루테인lutein과 제아잔틴Zeaxanthin이 들어 있어 눈 건강에 아주 좋다.

또한 피로회복, 두뇌 세포의 영양, 혈행 개선에 도움을 주는 레시틴이 포함되어 있으며 기억력과 치매 예방에 좋은 아셀틸콜린, 시력 보호를 위한 비타민 A, 뼈 건강에 좋은 비타민 D. 항산화 기능의 비타민 E 등이 포함되어 있다.

이밖에도 세포 대사에 영향을 주는 수용성 비타민 B군, 콜라겐 합성과 항산화작용을 하는 비타민 C, 철, 칼슘, 엽산 등 달걀 안에 포함된 영양성분은 우리에게 꼭 필요하고 중요한 것들이다. 이 작은 달걀 하나 속에 인간에게 도움을 주는 다양하고 훌륭한 영양소가 가득하다니 볼수록 기특하고 고마운 식품이라는 생각이 든다.

달걀은 제과제빵을 비롯해 한식, 양식, 중식 등 식재료로서의 가치도 매우 높다. 또한 한국인에게 아주 인기가 높은 식재료이기도 하다.

2018년 한국 보건산업진흥원에서 실시한 국민영양조사에서 한국인이 가장 즐겨 먹는 음식 중 달걀 프라이가 11위를 차지할 만큼 달걀의 인기는 매우 높다.

달걀을 이용한
다양한 요리들.

이와 같은 많은 소비에도 불구하고 달걀이 어떻게 생산되고 유통되는지 알고 있는 사람은 많지 않다. 최근에는 달걀에 대한 정보가 방송을 통해 많이 알려져 있지만 아직도 달걀 껍데기에 새겨진 숫자와 알파벳이 의미하는 것이 무엇인지 정확히 알고 있는 소비자보다는 유통기한 정도로 생각하는 소비자들이 많을 것이라고 본다.

달걀 껍데기에 새겨진 10자리의 알파벳과 숫자에는 반드시 소비자가 알아야 할 정보를 담고 있다. 달걀에도 과학적 관리가 적용되고 있는 것이다.

지금부터 달걀 껍데기에 새겨진 10자리 숫자의 의미를 하나씩 살펴보자.

달걀의 껍데기에는 모두 10자리의 숫자와 알파벳이 나열되어 있다. 이것은 2019년 8월 23일부로 전면 시행된 '달걀 산란일자 표시제'에 따른 제도이다.

맨 앞 네 자리는 유통기한이 아닌, 닭이 달걀을 낳은 산란 일자를 의미한다. 달걀의 유통기한은 딱히 정해진 것은 없다. 달걀의 등급, 날씨, 신선도 등 다양한 이유로 유통기한은 천차만별일 수 있다. 하지만 일반적으로 달걀 포장에 냉장보관이라고 표기되어 있는 달걀은 반드시 냉장보관하는 게 좋으며 일반적으로 냉장보관 시 약 3주 정도의 유통기한을 가지고 있다.

그래서 달걀의 맨 앞 4자리에 해당하는 산란 일자는 유통기간을 가늠하는 좋은 기준이 될 수 있다. 산란일자를 확인해서 신선한 달걀을 섭취하는 것이 좋기 때문이다.

5~9번째 자리까지는 달걀을 생산한 농장의 생산자 고유번호를 뜻한다. 생산자 고유번호는 가축 사육업 허가, 등록증에 기

재된 고유번호로, 식약처가 운영하는 식품안전나라 홈페이지(www.foodsafetykorea.go.kr)를 통해 농장의 소재지와 상세정보를 알 수 있다.

조류독감이나 전염병이 발생했을 때 양계농장의 정확한 소재지 파악은 소비자에게 좋은 정보가 될 수 있다.

마지막 10번째 자리는 닭의 사육환경을 나타낸 번호로 1번에서 4번까지 구분하여 표시하고 있다. 그리고 바로 이 닭의 사육환경이 '달걀 산란일자 표시제'를 탄생시킨 이유이다. 앞에 표시된 9자리의 숫자와 알파벳도 중요하지만, 우리가 가장 눈여겨봐야 할 숫자가 바로 10번째 숫자다.

1번은 방사로 키운 닭이 낳은 달걀을 의미한다. 방사는 닭을 자유롭게 풀어두고 키우는 방식을 말한다.

1번은 방사로 키운 닭.

2번은 평사로 키운 닭이 낳은 달걀을 의미한다. 평사는 케이지(닭장)와 축사를 자유롭게 다니도록 키우는 방식이다.

2번은 평사로 키운 닭.

3번은 마리당 사육밀도가 0.075m^2 이상인 개선 케이지 환경에서 사육된 닭이 낳은 달걀을 의미한다. 평사 방식보다는 좁은 공간에서 자란 닭이다.

3번은 평사 방식보다 더 좁은 공간에서 키운 닭.

4번은 기존 사육밀도인 마리당 0.05m^2(약 A4 한 장)에 해당하는 케이지 환경에서 사육되는 닭이 낳은 달걀을 의미한다. 3번보다 훨씬 좁은 환경에서 자란 닭이다.

4번은 몸만 겨우 들어가는 장소에서 키운 닭이다.

지금까지 달걀에 표시된 '달걀산란일자 표시제'에 대해 알아보았다. 이 제도는 2017년 7월 유럽에서 시작된 살충제 달걀 사건 때문에 시행된 제도다.

살충제 달걀 사건은 살충제 성분인 피프로닐에 오염된 달걀과 가공식품이 전 유럽으로 유통된 사실이 알려진 것을 말한다.

피프로닐은 벼룩과 진드기 퇴치용 살충제로서 인체에 유해한 독성을 가진 2등급 화학 물질이다. 피프로닐이 인체에 유입되면 오심, 구토, 복통 등을 유발하며 다량 섭취 시 신장, 갑상샘, 간

기능에 이상이 생길 수 있다고 한다.

벨기에를 시작으로 유럽 전역에 퍼진 살충제 달걀 파동의 파급효과는 우리나라에까지 전해졌다.

2017년 8월 우리나라 양계 농가에서도 살충제 성분이 검출되자 농림 축산식품부는 전국 양계 농가에 전수 검사를 실시했다.

국내 산란계(알을 낳는 닭) 농장에서 살충제가 검출된 가장 큰 이유 중 하나는 사육환경을 들 수 있다. 국내 양계 농장 대부분이 사육단가를 낮추기 위해 A4 한 장 크기의 케이지에 닭을 가둬놓고 기르는 밀집 사육을 해 온 것이 원인이 된 것이다.

자연 방사를 하는 닭은 진흙 목욕이나 스스로 흙을 뿌리는 과정을 통해 몸에 붙은 해충을 없애는 작업을 하게 되는데 밀집도가 높은 케이지 안에서 크는 닭들은 움직일 수 없는 환경 때문에 살충제를 뿌려 해충을 죽이는 방법을 선택할 수 밖에 없다.

이런 과정에서 과도한 살충제가 어미 닭을 통해 자연스럽게 달걀을 오염시키게 되는 것이다.

살충제 달걀 파문은 국민 모두에게 달걀의 유통과정과 닭의 사육환경에 경각심을 고취시켰으며 그 대책으로 시행되고 있는 제도들이 '달걀 산란일자 표시제'와 위생적인 달걀 유통을 위한 '선별포장 유통제도'다.

2019년 4월부터 시행된 '선별 포장 유통제도'는 달걀의 선별에서 포장까지 전 과정을 위한 전문장비를 갖춘 업체에 식품안전인증기준(HACCP) 마크를 의무적으로 부여해 위생관리를 하는 제도다.

인간의 욕심 때문에 발생한 살충제 달걀 파동! 스트레스 없는 자유롭고 자연 친화적인 생활을 누리는 닭을 통해 생산되는 달걀을 먹는 것이 매일 우리 식탁에 맛좋고 영양가 높은 달걀을 선사해주는 닭들에게도 우리에게도 행복한 일이 아닐까?

살충제 파동 후 친환경에서 사는 닭과 달걀에 대한 관심이 높아졌다.

소비자가 닭의 사육환경을 개선 할 수 있는 방법은 어떤 환경에서 생산된 달걀인지를 인식하고 소비자로서 꼼꼼히 살펴 선택하는 것이다.

좋은 환경에서 자란 닭으로부터 생산된 달걀을 선택하고 식품안전에 대한 감시를 게을리 하지 않을 때, 살충제 달걀 파동과 같은 안타까운 일이 다시 되풀이 되는 일은 없을 것이다.

41

코코넛 오일을 밥에 넣으면 칼로리를 줄일 수 있다?

새해가 시작되면 매년 의식처럼 치루는 통과의례가 하나 있다. 그것은 올해도 반드시 성취해야 할 소원! 다이어트! 다이어트 계획 세우기다.

어느 날 마법 램프의 지니가 나타나 밥 한 그릇을 뚝딱 해치워도 절반만 먹은 것으로 해 준다면 얼마나 좋을까? 늘 이 원대한 계획은 얼마 못 가서 실패하고야 만다.

결국 지니는 내게 나타나지 않았고, 여름이

다가올 즈음이면 다시 한 번 연초의 맹세를 떠올리며 전의를 불태우지만…… 왜 이렇게 세상에는 맛있는 것들이 많은 것인지, 역시 올해도 다이어트 계획은 예의상 적어 두는 방명록 같은 것일 뿐, '맛있게 먹으면 0kcal'라는 진리를 마음에 새기며 오늘도 입맛 도는 음식을 찾아 맛있게 먹고 있는 중이다.

맛있으면 0kcal.

그런데 만약 먹는 양의 60%의 칼로리가 사라지는 마법 같은 방법이 있다면 어떨까?

그렇게만 된다면 평생 다이어트 걱정만 하고 사는 다이어터에게는 기쁜 소식이 아닐 수 없다.

우리가 평소에 즐겨 먹는 백반(밥과 반찬)의 평균 칼로리는 약 500~900kcal 정도다. 3개 이상의 반찬과 국, 찌개를 포함하면 한 끼 식사에서 섭취하는 칼로리는 생각보다 엄청나다. 이 중에서도 특히, 공깃밥 한 그릇이 차지하는 칼로리는 약 300~400kcal로 다른 반찬류에 비해서 상대적으로 높은 칼로리를 가지고 있다.

다이어트를 위해서는 고열량의 탄수화물인 밥의 식사량을 줄여야 한다. 하지만 밥을 줄이는 것이 생각처럼 쉽지 않다. 탄수화물이 주는 맛과 행복감을 웬만해서 떨쳐버리기 어렵기 때문이다.

밥 한 공기는 대략 300kcal이다.

그렇다면, 탄수화물이 주는 행복감을 고스란히 느끼면서 칼로리는 반으로 낮출수 있는 방법에는 무엇이 있을까? 그것은 밥을 지을 때 쌀에 코코넛 오일을 넣는 것이다. 약 1티스푼의 코코넛 오일을 넣어 밥을 한 뒤 냉장고에 넣어 약 12시간 정도를 식히면 탄수화물의 칼로리를 절반 이상으로 낮출 수 있다고 한다.

코코넛 오일.

이때 다 된 밥은 반드시 냉장 보관을 하는 것이 좋다고 한다. 냉동보관을 하는 것보다 다이어트 효과가 훨씬 높다고 하니 기억해 두면 좋겠다.

일반적으로 흰쌀밥, 설탕, 빵, 국수와 같은 탄수화물은 소화흡수가 잘되는 가소화전분이 대부분이다. 가소화전분은 우리 몸에 잘 소화되어 흡수되는 전분을 말한다.

대표적인 탄수화물 식품들.

하지만 코코넛 오일을 쌀에 넣으면 쌀 성분 중 하나인 전분 사이로 코코넛 오일이 흡수되면서 가소화전분을 우리 몸에 흡수되지 않는 저항성 전분으로 바꿔주는 역할을 한다고 한다. 저항성 전분은 신체로 흡수되는 양이 적기 때문에 같은 양의 전분을 섭취했을 때보다 칼로리와 혈당을 낮출 수 있다. 또한 장내 환경을 좋게 만들어 장 건강과 대장암 예방에도 효과가 있다고 한다.

코코넛 열매.

코코넛 오일은 동남아, 인도, 남아메리카가 원산지인 야자나무의 열매를 압착하여 얻은 식물성 오일이다. 식용뿐만 아니라 화장품과 비누, 향료 등으로 효과를 입증받으면서 요즈음 주목 받고 있는 오일 중 하나다.

코코넛 오일은 일반적인 식물성 오일과는 다르게 포화지방산이 많이 함유되어 있다. 심혈관 질환, 동맥경화 등을 유발하는 동물성 포화지방산과는 달리 코코넛 오일의 포화지방산인 라우르산lauric acid은 심장질환 예방에 효과가 있으며 체내에서 바로 에너지를 생성할 수 있게 돕는 역할을 한다.

그러나 코코넛 오일도 지방인만큼 과다섭취는 오히려 해가 될 수 있어 적당한 양을 섭취하는 것이 좋다.

탄수화물은 원활한 두뇌와 신체 활동을 위한 필수 에너지원으로 우리에게 없어서는 안 될 중요한 영양소다. 밥심으로 사는 한국인들의 밥에 대한 무한애정만큼이나 적절한 탄수화물 섭취와 적당한 운동을 통해 균형을 이루는 영양섭취를 지향한다면 올해는 칼로리를 가져가 줄 지니를 기다리지 않아도 되지 않을까?

42

봄꽃은 왜 꽃부터 필까?

계절의 여왕이라는 이름처럼 매혹적이고 화려한 봄은 누구에게나 설레고 아름다운 계절이다.

봄이 화려하고 아름다울 수 있는 가장 큰 이유는 봄꽃들 때문이다. 매화, 벚꽃, 목련, 개나리, 산수유, 진달래, 살구꽃, 철쭉…… 봄꽃은 화려하며 다양한 방법으로 봄의 시작을 알린다.

그런데 신기하게도 대부분의 봄꽃은 꽃이 먼저 핀다. 왜 그럴까? 잎을 틔워내고 천천히 예쁜 꽃을 피워도 될 텐데 마치 경쟁이라도 하듯 서둘러 꽃부터 세상을 만난다.

식물의 개화에 영향을 주는 원인은 매우 다양하지만 가장 중요한 요인으로 꼽을 수 있는 것은 일조량과 온도다.

식물은 꽃을 피우는 시기에 따라 장일성, 단일성, 중일성 식물로 나눌 수 있다. 낮이 길어지고 밤이 짧아질 때 꽃을 피우는 식물을 장일성 식물이라고 하고 봄꽃들이 여기에 속한다.

장일성 꽃들. 왼쪽부터 순서대로 개나리, 목련, 벚꽃, 매화.

이와 반대로 낮이 짧고 밤이 길어질 때 꽃을 피우는 식물을 단일성 식물이라고 하며 대부분 가을에 피는 꽃의 특징이다.

단일성 꽃들. 왼쪽부터 순서대로 코스모스, 국화, 들국화.

밤낮의 길이와 계절에 상관없이 피는 꽃을 중일성 식물이라고 하며 고추, 토마토, 강낭콩 등이 대표적이다.

중일성 꽃들. 왼쪽부터 순서대로 강낭콩, 방울토마토, 고추.

봄꽃은 장일성 식물로 온도와 일조량에 민감하게 반응하는 식물들이다. 봄에 피는 꽃의 꽃눈은 지난해 여름부터 생긴 것이다. 여름부터 부지런히 꽃눈을 준비하기 시작한 나무들은 가을이 되어서야 꽃눈을 완성하고 겨울의 혹독한 찬바람과 추위를 견뎌낸다. 봄꽃은 이미 만들어진 꽃눈을 품은 채 추운 겨울을 버텨낸 후 온도 변화가 시작되는 봄을 감지하면 겨우내 땅에 응축해 두었던 영양분을 거름 삼아 꽃망울을 터뜨리기 시작하는 것이다. 그래서 봄꽃은 겨울이 추울수록 예쁘다. 이상기온으로 겨울이 너무 따뜻하면 꽃과 열매를 맺지 못할 수도 있는 것이다.

그런데 왜 봄꽃은 잎보다 꽃이 먼저 피는 것일까?

그 이유는 식물의 번식을 위해서 꽃이 먼저 피는 것이 매우 유리하기 때문이다. 식물이 잎을 키워내기 위해서는 많은 에너지와 양분이 필요하다. 그런데 겨울을 버텨낸 봄꽃 나무는 잎을 먼저 피우다가는 꽃을 피우는데 필요한 에너지가 상대적으로 모자랄 가능성이 있으며 특히 키가 작은 꽃일수록 키가 큰 꽃의 나뭇잎에 가려 충분한 햇빛을 받지 못할 확률이 높다. 그렇게 되면 자손을 번식시키지 못할 확률도 크다. 초봄 산에 핀 키 작은 야생화일수록 키가 큰 나무들의 잎이 무성해지기 전에 서둘러 일찍 꽃을 피운다.

복수초, 둥글레, 바람꽃, 남산제비꽃, 금낭화 등 작고 귀여운 야생화는 가장 먼저 봄을 준비하는 꽃이다. 그중에서도 복수초는 눈과

복수초.

얼음을 뚫고 새해 가장 먼저 꽃이 핀다는 의미로 원일초Adonis amurensis Regel et Radde라는 별명을 가지고 있다.

식물의 번식을 위해서는 꽃가루받이도 매우 중요하다. 꽃가루받이는 수술의 꽃가루를 꽃의 암술머리에 붙이는 것을 말하는 것으로 식물의 수정 과정 중 하나다.

꽃가루받이를 하는 방법은 매우 다양하다. 대부분의 꽃가루받이는 곤충과 새가 옮겨주는 충매화와 조매화가 많으며 바람에 의한 풍매화, 물에 의한 수매화 등도 있다. 상황에 따라 사람이 인위적으로 수정을 하는 인공수분도 있다.

벌과 나비가 꿀을 따고 있다.

봄꽃 식물은 곤충과 새들이 활동하는 시기에 맞추어 꽃을 피워내야 활발하게 번식 활동을 할 수 있다. 이 시기를 놓치면 상대적으로 경쟁에서 밀려날 수 있다.

경쟁에서 살아남기 위해 봄에 꽃을 피우는 식물들이 선택한 방법은 '선점'이다. 벌과 새들이 활발히 움직이고 강렬한 태양빛으로 광합성이 왕성한 여름에 피어날 여름 꽃들보다 더 빨리 새와 곤충들을 불러 모아 수정을 한 뒤 영양분을 충분히 만들 수 있는 여름에는 열매를 키우는 것이다. 이와 같은 상황에서 식물의 잎이 무성하면 곤충과 새들이 꽃가루받이를 위해 꽃에 접근할 수 있는 시간적, 공간적 제약이 많기 때문에 곤충과 새들이 좀 더 빠르고 쉽게 꽃에 접근할 수 있도록 화려한 꽃을 먼저 피우는 것이다.

바람에 의한 풍매화도 마찬가지다. 잎이 무성하면 바람에 날린 꽃가루가 상대적으로 꽃에 떨어질 확률이 낮아지고 잎에 의해 방해를 받을 수 있다. 꽃만 피우는 것이 이런 상황을 방지하고 수정의 확률을 높이기 위한 전략인 셈이다.

풍매화의 대표적인 것으로는 소나무꽃이 있다.

결국 이 모든 과정은 번식을 위한 봄꽃들의 진화적 선택이라고 할 수 있다.

겨우내 나무는 마치 죽어 있는 것 같다. 죽은 것 같은 나무에서 꽃이 피면, 우리는 비로소 봄이 왔음을 느낀다. 죽은 듯하지만 죽지 않은 나무! 가장 춥고 어두운 겨울 속에서 최고로 화려하고 아름다운 꽃을 피워내는 자연의 신비에 다시 한 번 경이로움을 느낀다.

봄꽃이 활짝 핀 제주.

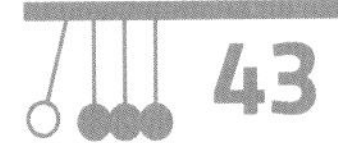

침묵 속의 살인자가 우리 주변에 있다면?

생활 속의 안전사고는 아무리 강조해도 지나침이 없다. 특히 전혀 눈치챌 수 없는 사이에 발생하는 위험이라면 더더욱 그렇다.

요즘은 차박 캠핑을 하는 사람이 많아졌다.

코로나19로 인해 여행에 제약이 많아진 요즘 차박(차에서 자면서 캠핑하는 것)과 캠핑에 대한 수요가 점점 늘어나고 있다.

하지만 캠핑의 열기만큼이

나 증가하는 안전사고로 인해 즐거워야 할 캠핑이 공포가 되는 경우가 종종 발생하고 있다.

사계절 캠핑이 가능한 우리나라는 안전사고 위험이 상대적으로 높은 편이다. 그중에서도 겨울철 텐트 안에서 난방기구를 사용하거나 음식을 조리하다가 사고를 당하는 경우가 많이 발생하고 있다.

가스버너, 가스난로, 화롯대 등 연료나 나무를 태워 난방을 하거나 조리를 하는 캠핑용 기구는 특히 더 위험하다. 이 기구들을 사용할 때는 반드시 환기를 위한 장치를 마련한 다음 사용해야 한다.

그렇지 않으면 일산화탄소 중독으로 위험해질 수 있다. 일산화탄소는 '침묵의 살인자'라는 별명을 가지고 있는 유독가스다. 일산화탄소가 이런 별명을 갖게 된 이유는 무미, 무취, 무색이기 때문이다.

냄새도 색깔도 맛도 없기 때문에 가스 누출을 알아채지 못한 채, 조용하고 은밀하게 위험에 노출되기 쉽다.

일산화탄소는 우리 생활 주변에서도 흔하게 접할 수 있다. 고

깃집에서 고기를 굽는 숯불에서, 가정에서 사용하는 가스버너나 공회전을 하는 자동차에서도 일산화탄소는 언제든지 발생할 수 있다. 심지어는 담배 연기에서도 일산화탄소가 발생한다.

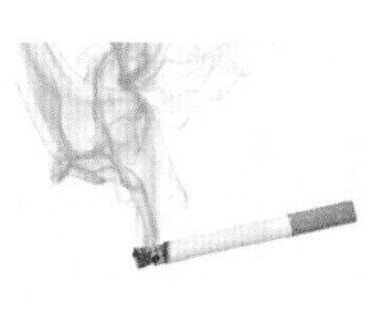

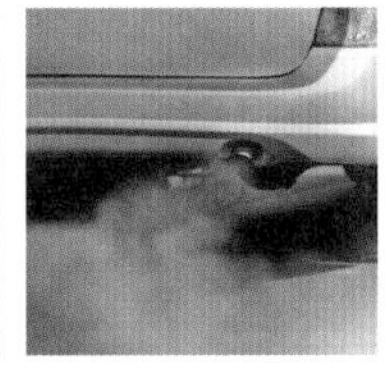

우리는 일상생활에서 일산화탄소를 쉽게 접할 수 있다.

일산화탄소는 나무나 석탄, 석유, 천연가스 등의 연료를 태울 때 산소 공급이 충분히 이루어지지 않아 불완전 연소하여 발생하는 물질이다. 탄소가 산소와 결합하여 이산화탄소가 되는 과정에서 부족한 산소에 의해 일산화탄소가 되는 것이다.

이산화탄소(CO_2)는 두 개의 산소 원자와 한 개의 탄소 원자가 이중 공유결합covalent bond으로 만들어진다.

탄소 + 산소 = 이산화탄소

C + O_2 = CO_2

탄소 + 산소 = 일산화탄소

C + O = CO

공유결합은 두 원자가 전자를 방출하여 전자쌍을 서로 공유하는 화합 결합 중 하나다.

하지만 일산화탄소(CO)는 탄소 원자 하나와 산소 원자 하나가 더욱 강력한 3중 공유결합Triple bond으로 단단히 묶여 있다. 3중 공유결합은 두 개의 원자가 세 개의 전자쌍, 즉 6개의 전자를 공유하여 만들어지는 공유결합이다.

일산화탄소가 위험한 이유는 혈액 내에서 산소를 운반하는 헤모글로빈hemoglobin과 결합하는 능력이 뛰어나기 때문이다.

일산화탄소는 공기 중에 있을 때는 치명적이지 않으나 사람이 흡입했을 경우에는 매우 위험하다. 체내에 들어간 일산화탄소는 혈액 내의 헤모글로빈에 흡착하여 산소 공급을 막아 심각할 경우 사망에 이르게 한다. 일산화탄소와 헤모글로빈의 친화력은 산소보다 200배 이상 강력하다. 폐를 통해 혈액 내로 들어간 일산화탄소는 산소의 자리를 빼앗고 헤모글로빈에 붙어 카복시헤모글로빈carboxyhemoglobin을 만든다. 이 카복시헤모글로빈은 온몸을 돌아다니며 산소 공급을 막는다. 이 과정이 지속되면 일산화탄소중독으로 가볍게는 두통, 메스꺼움, 현기증, 두근거림이 나타나며 심할 경우에는 중추신경 마비, 발작, 혼수상태 등으로 사망에 이를 수 있다.

실제 한 음식점에서는 여름철 에어컨을 켜둔 상태로 냉방을

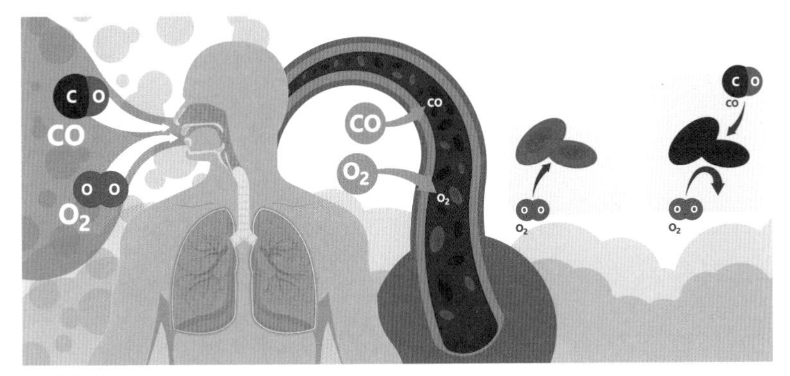

일산화탄소 중독 과정.

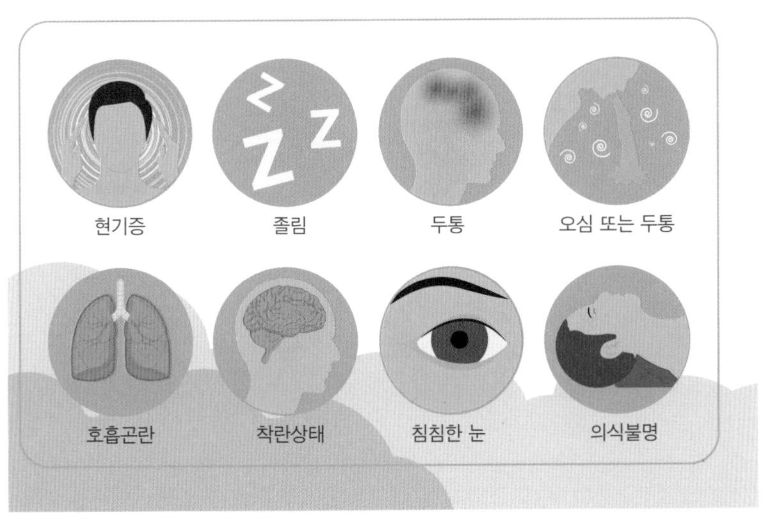

일산화탄소 중독에 따른 증상들.

위해 모든 문을 닫고 고기를 굽던 손님들이 일산화탄소 중독으로 병원에 실려 가는 사고가 발생한 적이 있다. 숯불의 연소로 방안의 산소가 부족하여 일어난 사고였다.

2018년에는 수능을 마친 고등학생들이 펜션에 여행을 갔다가 부적격 보일러 시공에 의한 가스 누출로 일산화탄소 중독 사망과 심한 후유증을 앓게 되는 사건도 있었다.

이처럼 일산화탄소는 소리 없이 무방비 상태에서 우리의 목숨을 앗아가는 치명적인 가스다.

안전을 위한 일산화탄소 감지기 설치.

이런 사고를 막기 위해서는 캠핑이나 야외활동을 비롯해 일상생활에서도 일산화탄소 가스 누출에 대한 경각심과 가스 누출을 감지할 수 있는 일산화탄소 감지기를 반드시 구비하여 안전사고에 대비하는 것이 좋다.

44

물은 많이 마실수록 좋다?

우리 신체를 구성하는 성분 중 물이 차지하는 비율은 매우 높다. 혈액은 약 90% 이상이 물이며 폐, 간, 신장, 심장, 뇌, 근육 등 중요 장기와 기관의 약 60~70% 또한 물로 구성되어 있다. 심지어 딱딱한 뼈도 약 20%는 물이다.

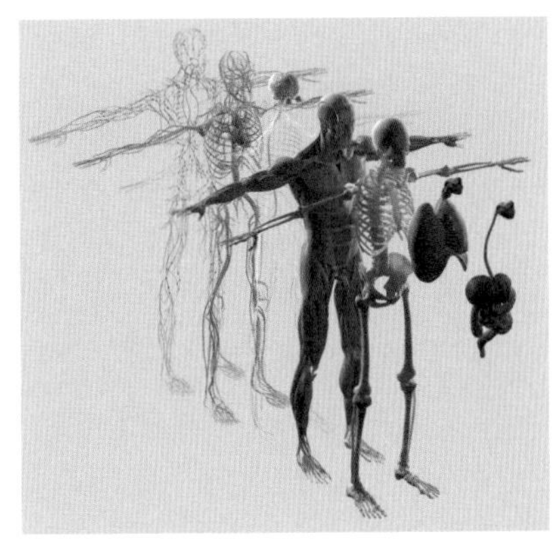

우리의 신체에서 물이 차지하는 비중은 매우 높다.

그래서일까? 언제인가부

터 매일 '2ℓ 물 마시기'가 건강 상식이 되어 실천하는 사람들이 늘고 있다.

매일 의도적인 물마시기를 실행한 많은 사람들이 건강이 향상되고 다이어트에도 도움을 받았다는 기사를 종종 접하곤 한다.

물은 우리 신체를 구성하는 핵심적인 요소이며 적절한 수분 섭취는 우리 몸에 반드시 필요한 과정이다. 실제 우리 몸에 10%의 수분이 소실되면 심장마비, 심근 경색에 노출될 수 있으며 20%가 소실되면 생명이 위험해질 수 있다.

이런 극한 상황이 아니더라도 수분이 부족하면 피부건조증, 피로, 변비, 소화기능 장애 등이 발생할 수 있다.

그런데 생각보다 물 2ℓ 마시기는 쉽지 않다. 쉽지 않은 것을 넘어 곤혹스러울 때가 한두 번이 아니다. 특히 2ℓ라는 수치화된 섭취권장량에 강박이 생기기도 한다. 오늘 할당량을 마시지 못하면 왠지 숙제를 제대로 끝내지 못한 채 등교해야 하는 아이처럼 불안함이 밀려온다.

왜 하필 2ℓ의 물일까? 그리고 물은 많이 마실수록 정말 건강에 좋은 것일까?

수분 섭취에 대해 '물은 많이 마실수록 좋다'는 건강 정보만 있는 것은 아니다. 반대로 '채소와 과일, 음식들을 통해 수분 섭취가 가능하기 때문에 의도적으로 물을 마시는 것은 오히려 몸에 해롭다'는 의견도 존재한다.

양쪽의 의견 중 어느 쪽이 옳다고 말하기는 어렵다. 건강에 대한 해법에는 양면성과 다양성이 있다. 사람마다 각각 다른 신체 반응이 올 수 있기 때문이다. 따라서 어떤 의견이 옳고 그르냐를 따지기보다 정확한 물의 효능과 부작용에 대해서 알아보고 각자 자신에게 맞는 수분 섭취의 올바른 해법을 찾아보자.

전문가들은 수분을 섭취하는 데 있어 '얼마만큼' 보다 '어떻게'가 더 중요하다고 강조하고 있다. 어떻게 물을 마셔야 하는지는 다음의 사항을 참고하면 좀 더 건강한 물마시기를 실천할 수 있을 것이다.

수분 섭취는 건강에 매우 중요하다.

첫 번째, 수분 섭취는 반드시 필요하지만 지나치면 오히려 해롭다. 영국의 의사인 마거릿 매카트니Margaret McCartney 박사는 영국 의학저널을 통해 "물을 하루 8잔 마시는 것은 지나치며 오히려 건강을 해칠 수 있다"고 경고하고 있다.

물은 혈액에 섞여 온몸을 흐른다. 온몸을 흐르면서 노폐물을 청소하고 지방을 모아 몸 밖으로 내보내는 역할을 한다. 실제 적당량의 수분 섭취는 미용과 다이어트에 도움을 줄 수 있다.

반대로 체내에 물이 부족하면 세포에 노폐물이 쌓여 에너지 대사가 느려지고 피로감과 무기력함이 찾아온다.

만약 이유 없이 피로감과 무기력이 지속 된다면 수분부족을 의심해 볼 필요가 있다. 그럴 때는 의도적으로 물을 마시거나 과일과 채소를 충분히 섭취해주는 것도 좋은 방법이다.

성인 기준 하루 적정 수분량은 (키+몸무게)÷100이다. 키가 185cm이고 몸무게가 80kg인 성인 남성의 하루 적정 수분 섭취량은 (185+80)÷100=2.65ℓ다. 오히려 2ℓ 이상의 물을 섭취해야 한다. 160cm의 키에 45kg인 성인 여성은 (160+45)÷100=2.05ℓ의 수분을 섭취하면 된다.

일반적으로 우리의 몸은 자연스럽게 호흡과 소변, 땀을 통해 일정량의 수분을 몸 밖으로 배출한다. 이렇게 배출된 양은 사람마다 다르지만 평균 2ℓ 정도의 수분이라고 한다. 세계보건기구[WHO]에서 하루 물 8잔을 권고하는 이유도 여기에 있다.

그래서 자신에게 알맞은 수분 섭취량을 인지하고 적절한 물마시기 습관을 들이는 것이 좋다.

두 번째, 물을 마시는 시간이 중요하다. 물을 아무 때나 많이 마시는 것은 바람직하지 않다. 식사 전 또는 후에 바로 물을 마시는 것은 소화액을 희석시키고 위에 부담을 주어 소화에 방해가 될 수 있다. 되도록 물은 식사 전, 후 30~1시간의 간격을 두고 따로 마시는 것이 훨씬 건강에 도움이 된다고 한다.

과일과 채소를 통해 수분을 섭취하는 것과 생수를 마시는 것에는 분명 차이가 있다. 물은 우리 몸에 필요한 필수 영양소지만 씹는 과정이 생략되기 때문에 소화에 있어서는 과일과 채소에 비해 위에 부담을 준다.

세 번째는 물의 온도다. 물은 너무 차가운 냉수나 뜨거운 온수도 좋지 않다. 우리 몸에 흡수율이 가장 좋은 물의 온도는 약 11~15℃ 정도의 미온수라고 한다. 아무리 더운 여름이라고 해도 차가운 냉수를 벌컥벌컥 들이키는 것보다 적정한 온도의 물을 마시는 것이 우리 몸에는 훨씬 이롭다.

네 번째 일정한 농도의 나트륨을 유지해야 하는 우리 몸이 물을 너무 많이 마시게 되면 나트륨농도가 낮아져 저나트륨혈증이 생긴다. 특히 신장이 안 좋거나 당뇨병, 심장병, 신부전증, 간경화 환자에게 있어 과도한 수분은 오히려 독이 된다.

저나트륨혈증hyponatremia은 혈중 나트륨 농도가 135mmol/L 미만으로 낮아진 경우 발생한다.

나트륨은 우리 세포 안팎의 수분 농도를 조절한다. 과도한 수분에 의해 수분 균형이 깨지면 삼투압 현상에 의해 나트륨 농도가 높은 세포 안쪽으로 수분이 이동하게 된다. 이때 세포가 붓는 부종현상이 나타난다.

뇌세포에 부종 현상이 발생하게 되면 가볍게는 구역질, 두통 등이 생기며 심하면 정신장애, 간질, 발작, 혼수상태 등을 일으켜 사망에 이를 수도 있다고 한다.

다섯 번째, 커피, 녹차, 혼합음료 등은 물이 아니다. 이런 음료에 포함된 수분은 카페인을 포함하고 있다. 카페인은 오줌의 양을 증가시키는 이뇨작용을 한다. 커피나 녹차는 같은 양의 생수에 비해 실제

커피와 녹차는 수분 보충이 아니라 이뇨작용을 한다.

흡수되는 수분의 양은 더 적다. 그래서 커피와 녹차 등의 카페인 음료를 마실 때는 물을 더 많이 마셔야 한다.

지금까지 수분이 우리 몸에 미치는 영향과 어떻게 물을 마셔야 하는지 알아보았다.

현대인은 건강에 대한 정보가 홍수처럼 밀려드는 시대에 살고 있다. 너무 많은 정보는 오히려 혼란을 줄 수 있다. 과유불급이라는 말이 있다. 과도한 수분 섭취는 문제가 될 수 있으나 필요한 양의 수분은 신체 대사에 반드시 필요한 것이다. 아무리 좋은 약도 너무 지나치게 먹으면 독이 되듯 올바른 수분 섭취 습관은 건강한 삶을 유지할 수 있는 토대가 될 것이다.

45

귀엽고 사랑스럽지만 수의사들이 권하지 않는 반려묘가 있다?

2000년 미국 드림웍스가 제작한 에니메이션 슈렉은 엄청난 인기와 함께 독특하고 재미난 캐릭터로 인기를 끌었다.

그중에서도 슈렉을 암살하기 위해 등장하는 장화 신은 고양

이는 고양이를 싫어하는 사람도 반해 버릴 만큼, 동글동글한 큰 눈을 한 채 빤히 바라보는 한 장면으로 유명 캐릭터가 되었다. 이 장면은 고양이의 귀엽고 사랑스러운 모습을 잘 표현하며 강한 인상을 남겼다.

이렇게 매력적인 고양이는 아주 오래 세월을 인간과 함께 살아온 동물이다. 그러나 고양이를 대하는 인간의 생각은 나라마다 큰 차이를 보인다.

일본은 고양이가 행운과 복을 부른다고 하여 상점이나 집안의 현관에 '마네키네코'라는 고양이 인형을 놓아둔다. 동남아에서는 고양이가 쥐를 잡아주는 고마운 존재로 인식되고 있으며 고대 이집트는 고양이를 신으로 모시며 숭배의 대상으로 삼았다.

이에 반해 중국은 고양이를 알 수 없는 오묘한 존재이자 악령을 보는 불길한 존재로 여겼다.

중세 유럽에서는 고양이가 마녀, 악마, 이교도를 상징하는 동물이었고, 특히 검은 고양이는 마녀가 변신한 모습이라 믿어 마녀사냥을 핑계로 학살하기도 했다.

우리나라 또한 오랜 세월 고양이에 대한 편견과 오해가 있었다. 요물이나 귀신을 보는 동물로 보았고 그래서 강아지처럼 친근하게 대한 것은 아니다.

하지만 현대사회는 핵가족화되고 1인 가구가 늘어나면서 반려묘를 기르는 인구도 증가하게 되었다. 이런 변화는 고양이에 대한 인식도 달라지게 했다.

SNS와 유튜브의 성장도 반려묘에 대한 인식전환에 큰 몫을 했다. 유튜브의 인기 동영상 중에는 수백만의 조회수를 기록하는 반려묘 영상을 쉽게 찾아볼 수 있다. 단 한 번만이라도 고양이의 귀여운 매력에 빠져본 사람이라면 고양이가 주는 위로와 사랑에서 헤어나올 수 없을 정도로 고양이의 인기는 높아지고 있다.

터키시앙고라.

반려묘의 인기가 높아질수록 고양이 품종에 대한 관심도 증가했다. 품종묘라고 불리는 고양이들의 품종명은 주로 고양이가 발생한 지역과 고양이의 특성을 표현하는 단어로 만들어진다. 예를 들어 '터키시앙고라Turkish Ankara'는 터키가 고향이며 앙고라는 터키의 수도인 앙카라

Ankara의 옛 지명를 말한다.

대부분 품종묘라 불리는 고양이는 각 나라의 환경에 적응하여 오래전부터 살아온 자연 발생한 토종고양이들이거나 자연 발생한 토종고양이들의 명맥을 잇기 위해 인위적으로 교배를 하여 복원한 종이 대부분이다.

이와 같은 종류는 방송 등을 통해 소개되면서 사랑스러움과 귀여움에 반한 사람들이 키우고자 하는 마음에 유행처럼 입양하게 되었다. 인기종으로 부상한 이러한 품종묘들은 다시 전문 브리더들을 양산한다. 그중 대표적인 품종묘가 스코티시폴드와 먼치킨 고양이다.

먼치킨.

스코티시폴드.

보통 이상으로 짧은 다리, 접힌 귀, 심하게 들려 올려진 코 등 인위적인 인공교배로 만들어진 품종묘들은 독특한 외모의 고양이가 많다. 우리 눈에는 사랑스럽고 귀여운 외모지만 사실 사람으로 따지자면 돌연변이 기형과 같은 것이다.

그런데 한 가지의 형질을 특징적으로 발현시키는 일은 매우 위험한 일이다. 유전학적으로 불안정하고 기형소인이 될 확률이 아주 높다. 자연은 생명체에게 수많은 비밀을 숨겨놓았다. 특정 형질이 발현되면 그와 연관된 다른 형질은 반드시 취약해진다.

그럼에도 돌연변이 기형인 모습을 인공교배를 통해 계속 발현시키는 이유는 단 한 가지다. 귀엽고 독특한 외모로 인해 많은 사람에게 인기리에 분양이 되기 때문이다.

그렇다고 자연 발생한 고양이들에게 유전병이 없는 것은 아니다. 하지만 인위적인 교배로 태어난 고양이들이 자연에서는 발생하기 어려운 기형적 결함에 더 많이 노출되고 있는 게 현실이다.

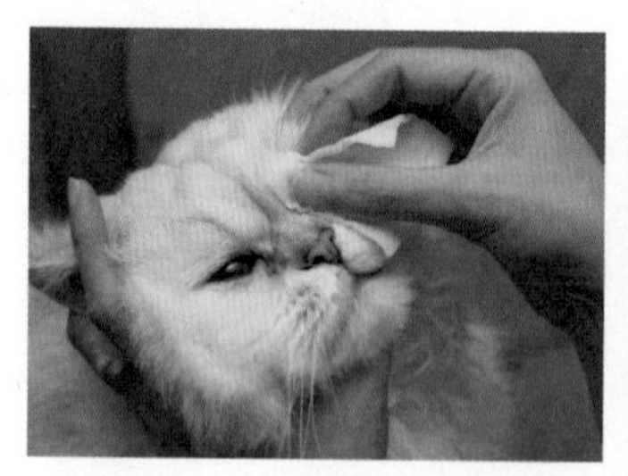

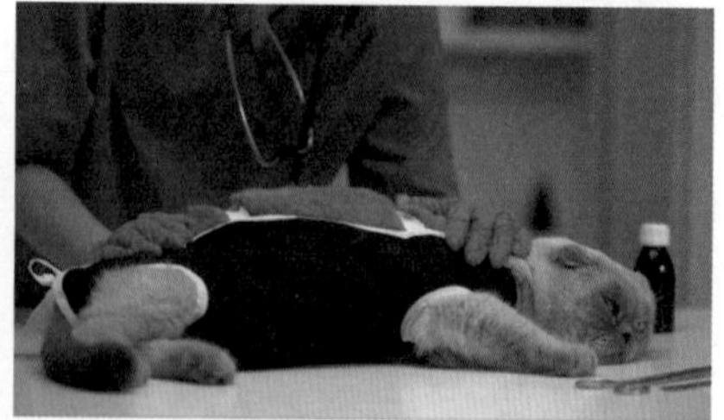

페르시안처럼 들창코인 품종은 호흡기 질환에 약하며 먼치킨 역시 짧은 다리와 긴 허리로 인해 척추전만증 등의 유전병이 나타날 수 있다.

실제 기형소인의 지속적인 발현으로 고통 속에 살고 있는 품종묘의 사례가 있다. 기형소인이란, 정상과는 다른 모습이 발현되게 만드는 병에 쉽게 걸릴 수 있는 요인을 몸 안에 가지고 있는 신체 상태를 말한다. 쉽게 유전병이라고 하지만 정확히 이야기하면 기형소인이 적합한 말이다.

스코티시폴드Scottish Fold는 유전적 결함의 심각성을 공식적으로 인정받은 대표적 품종묘 중 하나로, 1961년 스코틀랜드의 한 농장에서 발견된 아기고양이 수지Susie의 후손이다.

수지는 귀가 접히는 불완전 우성 유전자에 의한 자연 발생 돌연변이였다. 이후 브리티시숏헤어British Shorthair, 아메리칸숏헤어American shorthair, 페르시안Persian 등과의 교배를 통해 현재 우리가 알고 있는 동글동글한 얼굴에 통통하고 짧은 다리와 몸통을 가진 다부진 모습의 샹냥하고 온순한 스코티시폴드의 외형을 갖추게 되었다.

사람들은 스코티시폴드의 상징인 접힌 귀에 열광했다. 그리고 접힌 귀를 가진 고양이를 얻기 위해 접힌 귀가 나올 확률이 대단히 높은 스코티시폴드 간의 근친교배를 이어갔다. 하지만 스코티시폴드의 접힌 귀를 발현시키기 위해서는 수많은 유전적 결함을 감수해야만 했다.

지금은 어느 정도 스코티시폴드의 기형소인에 대한 정보가 많이 공유되어 접힌 귀와 접힌 귀 고양이 간의 교배는 이루어지지 않는다고 한다. 이것은 굉장히 위험한 일이기 때문이다.

그러나 여전히 스코티시폴드(접힌귀)와 스코티시스트레이트(뻗은귀)간의 교배는 이루어지고 있다.

스코티시폴드와 스코티시폴드 스트레이트는 귀의 상태로 구분한다.

스코티시스트레이트는 이름에서도 알 수 있듯이 발현된 모습은 뻗은 귀를 하고 있으나 유전적으로는 스코티시폴드의 기형소인을 가지고 있기 때문에 안심할 수는 없다. 스코티시폴드와 스코티시스트레이트 사이에서는 3(접힌귀) : 1(뻗은귀)의 비율로 접힌 귀와 뻗은 귀의 새끼 고양이가 태어난다고 한다.

스코티시폴드에게 나타날 수 있는 기형소인 중 가장 유명한 증상은 뼈연골형성장애osteochondrodysplasia: OCD이다.

뼈연골형성장애는 뼈와 뼈 사이에서 완충작용을 해주는 연골이 형성되지 않거나 뼈의 성장판에 이상이 생겨 뼈 성장이 이루어지지 않는 병이다.

스코티시폴드의 접힌 귀도 귀의 연골이 제대로 성장하지 못해 발생하는 증상이다. 이 증상이 사지 관절과 발목, 척추 등에 발병을 하면 관절염으로 진행되어 잘 걷지를 못하거나 극심한 통증과 성장저하 등의 증상이 발생한다.

그리고 이것은 현재까지 외적으로 알려진 증상일 뿐이다. 여전히 우리는 스코티시폴드의 기형소인에 대해 완전히 알고 있는 것이 아니다. 그만큼 스코티시폴드의 탄생 자체가 불안정하며 인간의 이기심이 만들어낸 안타까운 사례이기도 하다.

이와 같은 사실을 모르고 스코티시폴드를 입양했다면 매일 함께 놀며 다음과 같은 증상이 나타나는지 관찰해야 한다. 이는 스코티시폴드의 OCD 증상을 의심해 볼 수 있는 행동유형이다.

1 캣타워나 높은 곳에 오르고 내리는 것을 싫어하거나 불편해한다.
2 평소보다 움직임이 둔하며 다리나 척추, 관절에 손을 대는 것을 싫어한다.
3 다리를 절뚝거리기 시작한다.

OCD(뼈연골형성장애)가 반려묘에게 위험한 이유는 현재까지 뚜렷한 치료 방법과 예방법이 없다는 것이다. 단지 약물치료를 통해 진행시간을 늦추는 일밖에 없다. 관절에 무리가 가지 않도록 고양이의 체중 관리를 하고 미리 관절에 좋은 영양제를 먹이는 등 철저한 관리만이 발병에 대비하고 고통을 줄여주는 방법이라 할 수 있다.

우리는 스코티시폴드의 귀여운 외형만을 보고 기뻐할 것이 아니라 인간의 욕심이 만들어낸 안타까운 모습이라는 것을 깊이 인식해야 한다.

이러한 기형소인을 확실하게 끝내는 방법은 더 이상 스코티시폴드가 태어나지 않게 하는 것이다. 귀엽고 희소성이 있다는 이유로 마치 패션 트랜드를 따라가듯 특정 품종만을 선호하는 일도 그만두어야 한다. 고양이에게 품종묘라는 이름은 사람이 만들어낸 낙인일 뿐이다.

인간의 위안과 즐거움을 위해 한 생명체에게 아픔과 고통을 주는 일은 더 이상 있어서는 안 될 것이다.

46

먼지가 사라진 세상은 선명하고 아름다울까?

〈어벤저스〉라는 영화가 있다. 평생 지구의 안녕과 평화만을 위해 싸우던 마블 코믹스의 영웅들이 이번엔 다 함께 모여 우주 최강의 적과 싸우는 영화다.

오랜 세월, 슈퍼 영웅의 활약상이 인기를 끌고 있다는 것은 여전히 우리 지구에 안녕과 평화가 오지 않았다는 증거일지도 모르겠다.

하지만 우리가 지켜내야 할 지구의 위험은 밖이 아니라 지구 내부에 있다. 이상기온으로 인한 기후변화와 미세먼지, 오존 파괴, 인간의 환경오염 등이 지구의 앞날을 어둡게 만들고 있기 때문이다.

지구 환경오염원의 대부분은 인간이다. 특히 미세먼지는 인간의 활동이 집중되는 곳에서 더 많이 발생하고 있다.

미세먼지particulate matter는 지름 10㎛(마이크로미터, 1㎛=1000분의 1㎜) 이하의 먼지를 말한다.

미세먼지로 뿌옇게 변해버린 대한민국 서울.

미세먼지를 발생시키는 원인은 크게 자연적인 것과 인위적인 것이 있다. 자연적으로 발생하는 미세먼지는 흙먼지, 바닷물에서 발생하는 소금, 꽃가루, 화산재, 포자, 박테리아 등이 있으며 인위적인 미세먼지는 공장의 매연, 자동차 배기가스, 발전소 등의 오염물질이 원인이 된다. 심지어 가정의 조리도구인 가스레인지나 그릴, 진공청소기에서도 미세먼지가 발생하고 있다.

인간이 만든 각종 먼지Dust는 아황산가스, 납, 일산화탄소, 질소산화물 등의 대기오염물질로 작용을 한다.

그런데 이 미세먼지가 지구에 없어서는 안 될 중요한 역할을 하고 있다면 어떻겠는가? 지금 당장이라도 미세먼지 하나 없는 청정하고 깨끗한 환경에서 살아가고 싶은 마음이 굴뚝같지만,

자연이 만들어낸 먼지는 우리가 살아가는 지구 생태계에서 빠질 수 없는 중요한 요소로 작용하고 있는 게 사실이다.

그렇다면, 먼지가 지구에서 어떤 역할을 하고 우리 삶에 어떤 영향을 미치는지 알아보자.

첫 번째 일정량의 먼지는 대기권에서 태양 빛을 산란시키는 역할을 한다. 아름다운 저녁노을과 새하얀 뭉게구름, 푸른 하늘은 먼지가 있기에 볼 수 있는 멋진 광경이다. 빛의 산란은 태양 빛이 지구의 질소, 산소, 먼지 등에 부딪혀 사방으로 재방출되는 현상을 말한다.

레일리 산란의 대표적인 예로는 노을과 파란 하늘이 있다.

빛의 산란에는 크게 레일리 산란Rayleigh scattering과 미 산란Mie scattering이 있다.

레일리 산란은 빛의 파장보다 더 작은 산소분자나 미량의 연기 등의 입자들에 의한 산란을 말하는 것으로 가시광선의 파장에 따라 산란되는 속도와 순서에 차이가 발생한다.

일출, 일몰 시 하늘이 붉게 보이는 것과 하늘이 파랗게 보이는 현상은 대표적인 레일리 산란 현상에 속한다.

지구로 유입되는 가시광선 중 보라와 파랑은 파장이 짧고 진동수가 크다. 광선의 진동수가 크면 에너지도 커져 더 강하고 빠르게 산란이 일어난다. 맑은 날 한낮에는 태양의 고도가 높아 가시광선이 지표면에 도달하는 거리가 짧다.

이 짧은 거리를 빠르게 통과해 지표면에 먼저 도달하는 가시광선에는 파장이 짧고 에너지가 강한 보라색과 파랑색이 있다. 파장이 가장 짧은 보라색은 금방 산란되어 사라져 버리고 그 다음으로 파장이 짧은 파랑색이 산란되어 우리 눈에 보이게 되는데 하늘이 파랗게 보이는 이유가 이것 때문이다.

레일리 산란은 일출과 일몰 때도 발생한다. 일출과 일몰 때는 태양의 고도가 낮아지면서 가시광선이 통과해야 하는 지구의 대기층의 거리가 낮에 비해 길어진다. 이때는 낮과 정반대 현상이 일어난다. 파장이 짧고 진동수가 큰 보라와 파랑색은 대기중에 있는 먼지와 기체 입자들에 의해 먼저 산란 되어 사라져 버린다. 상대적으로 파장이 길고 산란이 잘 일어나지 않는 빨강색과 주황색이 대기층의 긴 거리를 통과해 그대로 지표면에 도달하게 되는 것이다.

자동차에 빗대어 보자면 가시광선의 파랑색은 빠르고 강력한 힘을 가지고 있는 자동차지만 연비가 낮아 짧은 거리밖에 달리 수 없는 차라면, 빨강색은 조금 느리고 힘은 약해도 연비가 좋아 긴 거리를 오래도록 달릴 수 있는 차인 것이다.

이처럼 아름다운 저녁노을과 파란 하늘을 감상할 수 있는 것은 빛의 산란에 관여하는 미세먼지와 기체분자 덕분인 것이다.

미 산란은 빛의 파장과 크기가 거의 같은 입자에 의해 일어나는 산란 현상으로 먼지, 꽃가루, 물방물, 얼음알갱이 등이 원인 물질이라 할 수 있다.

미 산란에서는 빛의 파장과는 상관없이 모든 빛이 균일하게 산란된다. 구름과 파도가 하얗게 보이는 이유가 바로 여기에 속한다.

미 산란의 대표적인 예로는 구름과 하얀 파도가 있다.

구름속의 물방울과 얼음알갱이, 먼지는 상대적으로 입자의 크기가 크다. 이렇게 빛의 파장과 거의 크기가 같은 입자들은 레일리 산란과는 다르게 빛의 파장과 상관없이 모든 빛을 똑같이 산란한다. 그래서 미 산란이 일어나면 모든 빛의 색을 다 합친 흰색으로 보이는 것이다. 파도가 흰색으로 보이는 이유도 마찬가지다. 바닷물은 파란색으로 보이지만 바위에 부딪혀 물의 입자가 커지면 미 산란이 일어나 하얀색으로 보이는 것이다.

두 번째 먼지는 구름속의 물방울을 응결시키는 응결핵condensation nucleus 역할을 한다. 응결핵은 수증기가 응결할 때 그 중심이 되는 입자로 연소에 의해 생긴 미세입자, 토양입자, 바닷물의 소금 입자, 꽃가루 등이 있다.

먼지는 비나 눈을 만드는데 핵심적인 역할을 한다. 만약 먼지가 없다면 비나 눈이 만들어지기 어려울 것이며 대기 중에 비나 눈이 형성되지 않을 경우엔 생태계에 큰 영향을 미치게 된다. 농작물이 제때 자라지 못할 것이며 극심한 가뭄으로 농업과 식수 공급에 어려움을 겪게 될 것이다.

인위적으로 비를 만드는 인공강우의 원리만 보더라도 먼지 입자가 비를 만드는데 얼마나 중요한 역할을 하는지 알 수 있다.

인공강우에 사용되는 드라이아이스dry ice나 아이오딘화은(AgI)은 인공적으로 먼지 입자와 같은 응결핵을 형성시켜 구름 입자속의 수증기를 응집시키는 역할을 한다. 비를 만들 수 있는 구름이 존재하더라도 응결핵의 역할이 없으면 비가 잘 만들어지지 않는 것이다.

인공강우를 뿌리는 방법들.

세 번째 먼지가 없다면 꽃가루의 이동이 어려워진다. 꽃가루는 먼지 입자에 붙어 바람을 타고 이동을 하게 된다.

꽃가루는 바람을 타고 이동하기도 한다.

식물의 수정은 나비와 벌, 새, 물 등 다양한 경로를 통해 이루어지고 있으나 바람에 의한 풍매화도 식물의 수정에 매우 중요한 역할을 한다. 그런데 먼지가 없다면 식물의 수정과 열매를 맺는 일에 큰 문제가 생기게 될 것이다.

식물의 위기는 동물의 위기를 불러온다. 동물의 위기는 곧 지구 생태계를 무너뜨릴 것이다. 그렇게 되면 인간 또한 살아남기 힘들다.

인간의 건강을 위협하고 전혀 쓸모없이 보이는 먼지지만, 그것은 어디까지 인간의 입장에서 바라본 생각이다. 자연 속에 불필요한 것은 없다. 인류가 내뿜는 과도한 오염물질로 인한 먼지가 문제가 되는 것일 뿐, 자연 속에서 발생하는 일정량의 먼지는 오히려 지구 생태계 시스템을 돌리는 데 큰 역할을 하고 있다.

우리는 어떤 지구를 후손에게 물려주게 될까?

47

지구에 산소 농도가 지금보다 높아지면 무슨 일이 일어날까?

만약 지구에서 산소가 사라진다면 어떤 일이 벌어질까? 과학적 원리를 잘 모르더라도 산소가 사라진 지구를 상상하는 것은 그렇게 어려운 일이 아닐 것이다. 당장 우리는 숨을 쉴 수 없어 사망할 것이기 때문이다. 어디 우리뿐이겠는가? 호흡을 통해 산소를 들이마시는 모든 생명체는 전부 전멸할 것이다.

반대로 산소가 많아지면 어떻게 될까? 산소가 없는 암담한 상황은 굳이 설명하지 않아도 상상이 가지만 산소가 많아지면 어떤 일이 발생할지에 대해서는 전혀 상상할 수가 없다. 아마도 더 맑고 깨끗한 지구로 거듭나지 않을까? 하는 막연한 생각이 들 뿐이다.

한때 지구에는 산소의 농도가 지금보다 훨씬 높았던 시대가 실제 존재했었다. 우리가 알고 있는 거대 공룡이 살고 있던 시대다. 그렇다면 쥬라기나 백악기 시대의 지구환경을 알아보면 산소 농도가 높아진 지구의 변화를 추측해볼 수 있을까?

지금부터 산소의 농도가 높아졌을 때, 지구에서 어떤 일이 발생하게 될지 유추해 보자.

첫 번째, 산소 농도가 높아지면 산소 중독이 발생한다.

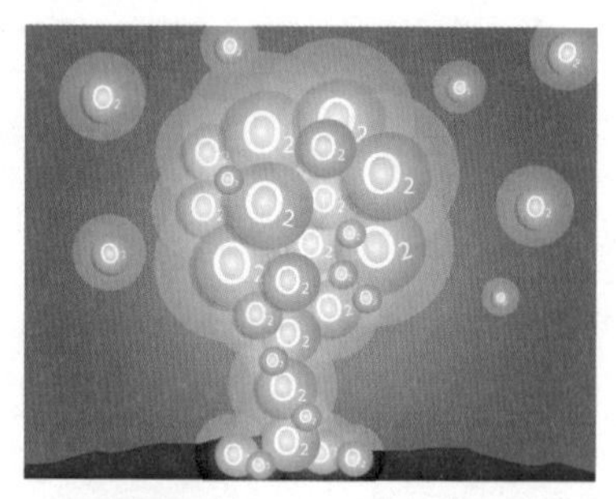

산소가 지금보다 많아지면 인간과 지구는 어떻게 될까?

만약 인간이 순수한 100%의 산소를 장시간 마시게 되면 우리 몸은 근육경련, 멀미, 호흡곤란, 시야가 좁아지는 현상이 나타나게 된다. 100%의 산소가 아니더라도 몸 속 산소의 농도가 29% 이상만 되면 사람은 의식불명 상태가 되고 산소 농도 31%가 넘으면 죽게 된다. 이러한 현상이 일어나는 이유는 체온상승 때문이라고 한다.

대기 중의 산소 농도가 현재의 두 배인 약 40%만 되어도 인간은 산소 중독oxygen poisoning에 걸리며 꼭 40%가 아니더라도 대기 중 산소가 약 25% 이상을 넘게 되면 산소 중독 증상이 발생한다.

우리 몸은 산소를 연료로 에너지를 만든다. 적절한 산소는 체내로 유입되어 세포에 산소를 전달하고 에너지를 만든 다음, 노폐물인 이산화탄소를 배출하게 하며 36.5도의 체온을 유지하도록 돕는다. 이때 유입되는 산소량의 약 14%만 에너지가 되고 나머지는 배출되는데 산소의 농도가 약 1% 증가할 때마다 체온은 1도가 올라간다고 한다.

사람은 체온이 40도가 넘으면 세포를 비롯한 신체 기관에 이상 증상이 발생하는데 고열이 지속 되면 사망에 이르게 된다. 그래서 산소 농도가 높아지면 위험해질 수 있다는 것이다.

네팔 히말라야 부근과 같이 고산지대에 사는 사람들의 폐는 일반인들보다 크다.

두 번째, 인간의 폐 기능은 약해지고 거대 곤충이 출몰할 것이다.

산소가 부족한 고산지대 사

람들의 폐는 일반인보다 크다. 상대적으로 적은 양의 산소를 더 효율적으로 흡입하기 위해서는 폐 기능이 정교해지고 더 발달하게 되는 것이다.

그와는 반대로 쥐라기 시대 공룡의 몸집이 클 수 있었던 이유는 이 시대의 산소 농도가 지금보다 10% 이상 높았기 때문이다.

쥐라기 시대 공룡들은 지금보다 현저히 높은 약 30% 이상의 산소 농도 환경 속에서 폐 기능을 정교하게 진화시킬 필요가 없었다고 한다. 높은 산소의 농도는 상대적으로 단순한 구조의 폐를 통해서도 몸 안으로 잘 유입이 되었으며, 폐 기능 대신 충분

쥐라기 시대는 작은 공룡부터 5m 이상의 크고 육중한 공룡들까지 다양한 모습의 공룡들이 살던 시대였다.

한 산소를 이용해 세포를 활성화 시켜 몸집을 키우게 되었다는 것이 학자들의 의견이다.

현재 지구상의 산소 농도는 쥐라기 시대보다 10%나 낮아진 상태로, 지구상의 동물과 인간은 쥐라기 시대보다 훨씬 낮은 농도의 부족한 산소를 더 효율적으로 몸 안으로 들여보내기 위해 폐 조직을 정교하게 발달시켰으며 몸집의 크기를 줄여 몸 속 구석구석까지 산소가 잘 전달될 수 있는 형태로 진화했다고 한다.

세 번째, 산소의 농도가 높아진다면 거대 곤충이 등장할 가능성이 있다. 과거 약 3억 년 전 지구의 산소 농도는 지금보다 10% 이상 많은 약 30%~35%였다고 한다.

쥐라기 시대의 곤충 또한 매우 컸다고 한다.

인간과 달리 곤충은 기문(몸에 있는 공기구멍)을 통해 산소를 몸 안으로 전달한다. 인간의 모세혈관은 온 몸에 퍼져 있어 세포 구석구석까지 산소를 전달하는 기능을 하지만 곤충의 기문은 확산을 통해 산소를 흡입한다.

그래서 산소 농도가 낮으면 그만큼 몸 안으로 유입되는 산소량이 적고 산소 농도가 높으면 유입되는 산소량이 많아져서 세포가 더 활성화되는 것이다.

미국 지질학 연차회의에서는 30% 농도의 산소에서 키운 잠자리가 평균 잠자리의 크기인 9cm의 약 15% 정도 크게 자란 연구결과를 발표하기도 했다.

이 결과는 곤충의 크기와 산소 농도와의 상관관계를 잘 설명해주는 실험이라 할 수 있다.

그렇다고 해서 곤충의 몸이 무한정 커지는 데는 무리가 있다. 아무리 산소 농도가 높아져도 개미가 코끼리처럼 커지기는 어렵다.

이유는 개미의 가는 허리와 다리는 개미만한 크기일 때 지탱할 수 있도록 최적화되어 있기 때문이다. 개미의 몸이 코끼리처럼 거대해지면 개미 허리와 다리 또한 거대해진 몸의 중력을 떠받치기 위해 코끼리 다리만큼 커져야 한다.

그래서 개미의 모습을 고스란히 유지한 상태로는 코끼리처럼 거대해질 수가 없다. 코끼리 만한 개미는 더 이상 우리가 아는 개미의 모습이 아니게 된다.

네 번째, 지구상의 산소 농도가 높아지면 작은 불꽃에도 엄청난 화재로 번지게 될 것이다.

산소의 농도가 높아지면 사실 가장 걱정되는 것이 바로 화재다. 높은 산소 농도로 인해 산불이 쉽게 발생할 것이며 잦은 산불은 밀림이나 식물 생태계를 위협하게 될 것이다,

도시에서는 정밀한 기계에서 발생하는 작은 불꽃만으로도 큰 불로 번질 수 있기 때문에 모든 전자기기 사용이 엄격하게 관리될지도 모른다.

실제 미국의 아폴로 달 탐사 프로젝트를 수행 중이던 아폴로 1호의 승무원들은 우주선 내부의 작은 전선에서 발생한 미세한 불꽃으로 인해 전원이 사망하였다. 이 당시 아폴로 1호 우주선 내부의 산소 농도는 100%였다고 한다.

다섯 번째, 산소 농도가 높아지면 인간과 동물의 활동이 더 활발해진다,

산소 농도가 높아지면 오랜 시간 활동을 하고 운동을 해도 같은 시간 대비 더 많은 일을 할 수 있게 된다. 평소보다 많은 산소가 우리 몸 안으로 유입되기 때문에 에너지가 증가하는 것이

다. 뿐만 아니라 신체 능력도 한층 향상될 것이다.

산소 공급이 활발해지면 몸이 사용할 에너지를 더 빠르고 많이 발생시킬 수 있어 근육의 젖산발효가 적게 발생한다.

젖산발효는 몸이 사용할 에너지보다 산소 공급이 부족할 때 일어나는 현상으로 극심한 통증과 피로감을 불러온다.

하지만 늘어난 산소량으로 젖산발효가 상대적으로 적게 일어나면 신체의 피로도도 낮아져 상쾌한 기분을 오랜 시간 유지할 수 있다.

여섯 번째, 신체활동이 활발해지는 것만큼 활성산소도 증가한다. 산소의 농도가 높아지면 우리 신체 활동이 활발해진 만큼 활성산소도 같이 늘어나게 된다.

우리 몸 안에 들어간 산소는 에너지의 원천이 되지만 에너지로 쓰이고 남은 산소는 활성산소가 되어 우리 몸을 돌아다닌다.

활성산소는 노화를 불러오며 면역세포와 유전자를 파괴하는 역할을 한다. 활성산소의 양이 많을수록 우리 몸은 더 빨리 산화되며 병에 노출될 확률이 높다. 산소는 우리 몸에 있어 천사와 악마, 두 개의 얼굴을 가진 기체인 것이다.

또한 산소는 인체뿐만 아니라 물질을 부식시키는 역할도 한다. 산소의 농도가 높아지면 우리 주변의 건물이나 물건들이 부식되는 시간이 더 빨라질 것이다.

일곱 번째 산소 농도가 높아지면 기압이 높아져 비행기가 더 잘 날게 된다.

기압이 높아지면 양력이 더 강해져 작은 힘으로도 멀리 날아갈 수 있게 된다.

여덟 번째, 내연기관 엔진을 사용하는 자동차를 비롯한 각종 운송수단의 연비가 훨씬 좋아진다.

불이 타는 데 있어 산소는 필수요건이다. 산소 농도가 높아지면, 내연기관에 사용되는 연료를 조금만 사용해도 더 많은 에너지를 낼 수 있으며 완전 연소의 확률이 높아져 일산화탄소 등 오염물질 배출이 줄어들게 될 것이다.

지금까지 대기 중 산소의 농도가 높아지면 일어날 가설들에 대해 살펴보았다.

우리가 살고 있는 지구는 아주 정교하게 설계된 거대한 생태 시스템이다. 지구는 지구상의 모든 생명체가 잘 적응할 수 있도록 최적의 시스템을 완비하였고 시스템 안에 사는 생명체들과 순환하며 조화롭게 균형을 맞추고 있다.

그 균형에는 대기를 이루고 있는 기체의 비율도 포함된다. 산소는 대기 중에 약 21%를 차지하고 있다. 산소의 농도가 10%나 30, 40%가 아닌 약 21%를 차지하고 있는 데는 분명 큰 이유가 있을 것이다. 그것은 현재 진화에서 살아남은 지구 생명체가 살아가기에 가장 알맞은 최적의 시스템일 것이다.–물론 혐기성 박테리아도 존재한다.

이 생태 시스템에 큰 변화가 없는 한, 지구환경과 지구 생명체간의 균형은 깨지지 않고 지속 되어 갈 것이다. 단지, 인간이 먼저 균형을 깨뜨리지 않기를 바랄 뿐이다.

정교한 생태계 시스템이 작동하는 지구.

참고 도서 및 사이트

내 고양이 오래 살게 하는 50가지 방법 | 카토 요시코 | 해든아침

다시 쓰는 고양이 사전 | 동그람이

상위 5% 가는 생물교실 | 신학수 외 | 스콜라

식품 과학 사전 | 한국식품과학회 | 교문사

식품 라벨 꼼꼼 가이드 | 김정원외 | 우듬지

심리학 용어사전 | 한국심리학화

인테리어 용어사전 | 동방디자인교재개발원

정신의학의 탄생 | 하지현 | 해냄출판사

호기심의 과학 | 유재준

KISTI의 과학향기 칼럼 | www.kisti.re.kr | 한국과학기술정보연구원

기상청 홈페이지 | www.weather.go.kr

네이버 지식 백과 | terms.naver.com/

두산백과 | www.doopedia.co.kr/

소방청 홈페이지 | www.nfa.go.kr/nfa/

식품안전나라 홈페이지 | www.foodsafetykorea.go.kr/main.do

서울 동물원 동물정보 | grandpark.seoul.go.kr

SCIENCE